JN277426

ディジタル
集積回路入門

小林隆夫・髙木茂孝 著

朝倉書店

本書は，株式会社昭晃堂より出版された同名書籍を再出版したものです．

まえがき

　パーソナルコンピュータはもちろんのこと，テレビ，ビデオ，ディジタルカメラ，携帯電話を始めとして，身の回りのあらゆる電子機器や電気製品に集積回路が使われている．様々なシステムの高機能化や高性能化，そしてダウンサイジングを図る上で，集積回路は欠くべからざるものとなっていると言える．それにつけても，近年の集積回路技術の進歩はめざましく，日進月歩というよりは秒進分歩といった感さえある．このように発展の著しい集積回路の分野で活躍を志す者にとって最先端の知識を学ぶことも重要であるが，分野の発展についていくことのできる基礎を築くこともまた重要である．

　本書は，このような観点から，初学者が集積回路，特にディジタル集積回路の基礎を習得することを目的として学ぶ際に必要となる事項をまとめたものである．本書の内容は，高校の数学や物理学程度の知識のみを前提としており，回路理論や半導体物性の専門的知識を持たずとも理解できるよう，執筆にあたり心がけたつもりである．

　第1章では，集積回路，特に論理回路を学ぶ上で必要かつ有用となる回路解析の基礎やパルスに関する用語について説明している．第2章では，集積回路上に論理回路を構成するために必要不可欠な半導体の振る舞いについて述べ，これに基づいてMOSトランジスタやバイポーラトランジスタの回路素子としての扱い方について説明している．これら2章は，本書の基礎をなす部分である．第3章では，次章以降で述べるディジタル集積回路の機能を理解するために必要な論理演算や論理関数の表現形式，基本定理，論理回路の表記法等について述べている．第4章と第5章では，それぞれMOSトランジスタを用いた論理回路及びバイポーラトランジスタを用いた論理回路の解析，特徴について述べている．特に，近年集積回路の主流となっているCMOS論理回路については，頁を割いて若干詳しく説明している．最後に第6章では，論理回路の応用としてフリップフロップ，レジスタ，カウンタの構成について述べている．

まえがき

　いずれの章にも，文中には内容の理解を助けるための問題と，章末には理解を確かめるための演習問題が用意されている．また，本書の最後にはこれらの問題の解答も付けている．演習問題は，自分の理解していない点を知るために有用であるので，最初は答を見ずに，是非独力で解いて貰いたい．

　最後に，新たな千年紀を迎え，集積回路の重要性が益々増加する今日，本書がディジタル集積回路設計をめざす人々の一助となれば筆者らにとって正しく望外の喜びである．

2000 年 1 月

小林隆夫　髙木茂孝

目　次

1　回路の基礎

1.1　回路と回路素子 …………………………………………………… 1
1.2　キルヒホッフの法則 ……………………………………………… 7
1.3　重ね合せの理 ……………………………………………………… 9
1.4　電源の等価性 ……………………………………………………… 10
1.5　積分回路と微分回路 ……………………………………………… 13
1.6　パルス波形 ………………………………………………………… 18
　　　演習問題 …………………………………………………………… 21

2　半導体とトランジスタ

2.1　半導体とその種類 ………………………………………………… 23
2.2　pn接合ダイオード ………………………………………………… 26
2.3　金属・半導体接触ダイオード …………………………………… 30
2.4　MOSトランジスタ ………………………………………………… 31
2.5　バイポーラトランジスタ ………………………………………… 38
　　　演習問題 …………………………………………………………… 49

3　論理回路の基礎

3.1　論理演算と論理回路 ……………………………………………… 52

3.2	基本論理演算	55
3.3	論理演算の性質	57
3.4	論理関数の標準形	60
3.5	論理式の簡単化	63
3.6	ダイオード論理回路	68
3.7	正論理と負論理	71
3.8	論理ゲートと論理回路記号	74
	演習問題	79

4　MOSトランジスタ論理回路

4.1	MOSトランジスタの2値動作	81
4.2	MOSトランジスタによるNOT回路	85
4.3	CMOS NOT回路の解析	92
4.4	NMOS論理回路	101
4.5	CMOS論理回路	106
	演習問題	114

5　バイポーラトランジスタ論理回路

5.1	バイポーラトランジスタの2値動作	119
5.2	DTL回路	122
5.3	基本TTL回路	125
5.4	標準TTL回路	128
5.5	その他のTTL回路	135
5.6	ECL回路	140
	演習問題	146

目次

6 フリップフロップ

- 6.1 2安定回路とフリップフロップ …………………… 150
- 6.2 SRフリップフロップ ……………………………… 151
- 6.3 JKフリップフロップ ……………………………… 162
- 6.4 Dフリップフロップ ………………………………… 165
- 6.5 Tフリップフロップ ………………………………… 166
- 6.6 実際のフリップフロップ …………………………… 169
- 6.7 レジスタ …………………………………………… 171
- 6.8 カウンタ …………………………………………… 174
-     演習問題 …………………………………………… 180

- 問題解答 ………………………………………………… 183
- 参考文献 ………………………………………………… 202
- 索　引 …………………………………………………… 203

1

回路の基礎

集積回路の構成や動作を学ぶ上で必要となる回路に関する基礎事項を解説する．以下では，まず回路を構成する受動素子や電源の定義を述べた後，回路の動作を解析する際に有用となるいくつかの定理を紹介する．また，パルス波形に関する基本的な用語の定義についても述べる．

1.1 回路と回路素子

1.1.1 回路素子

回路素子または単に素子と呼ぶ構成要素を最小単位として，いくつかの回路素子を相互に接続したものを**回路**と呼ぶ．回路素子は二つ以上の端子を持ち，他の回路素子の端子と相互に接続することにより回路が形成される．図 1.1 は

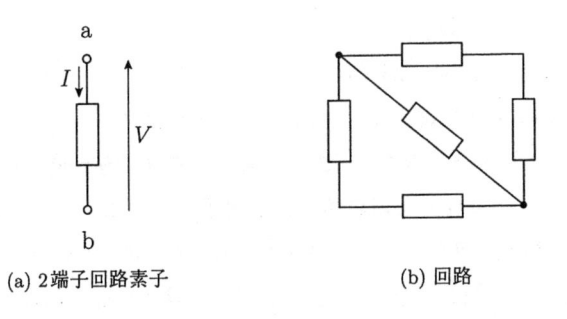

(a) 2端子回路素子　　　(b) 回路

図 1.1　回路素子と回路

二つの端子を持つ2端子回路素子により構成された回路の例である．回路素子には，次章で述べるバイポーラトランジスタやMOSトランジスタのように，3端子や4端子を有する素子もある．

2端子回路素子の特性は端子間に流れる電流 I（単位 A，アンペア）と，端子間に現れる電位差すなわち電圧 V（単位 V，ボルト）との関係により記述される．電流及び電圧の値は，電流の流れる方向や電位差を計る基準点の選び方により，その符号の正負が逆になる．そこで，電流，電圧を定義する際，それぞれに基準となる向きを示す矢印を付けて表す．たとえば図1.1(a)では，端子aから端子bに向かって流れる向きを電流 I の正の向きと定義している．同様に，端子bの電位を基準として計った端子aとの電位差を端子間の電圧 V として定義しており，図中の矢印の方向が電圧の正の向きとなる．

3端子及び4端子回路素子の特性は，まず，端子の中から2組の端子対を選んでそれぞれの端子対における電流及び電圧の向きを適当に定め，それらの電流や電圧の値の相互関係により記述される．

回路素子の特性が**線形**である場合，この素子を**線形素子**と呼び，そうでない素子を**非線形素子**と呼ぶ．ここで，線形であるとは，電圧と電流あるいは入力と出力といった二つの変数 x, y の関係において，$x = x_1$ に対して $y = y_1$，また $x = x_2$ に対して $y = y_2$ という関係があるとき，a_1, a_2 を任意の定数として

$$x = a_1 x_1 + a_2 x_2 \tag{1.1}$$

に対して

$$y = a_1 y_1 + a_2 y_2 \tag{1.2}$$

という関係が成り立つ性質をいう．

一般に，電流 I 及び電圧 V の値は時間 t の関数であり，それぞれ明示的に $I(t)$ 及び $V(t)$ と表記することもある．電流，電圧の値が時間に無関係な一定値をとる場合にはそれぞれ**直流電流**，**直流電圧**と呼ぶ．これに対して，電流，電圧の値が周期的に変化し，その平均値が零である場合にはそれぞれ**交流電流**，**交流電圧**と呼ぶ．特に，電流や電圧が正弦波の場合には**正弦波交流**と呼ぶ．一般には正弦波交流のことを単に交流と呼ぶことが多い．

1.1 回路と回路素子

電流と電圧の向きを図 1.1(a) に示すように定めたとして，時刻 t における電圧 $V(t)$ と電流 $I(t)$ との積

$$P(t) = V(t)I(t) \tag{1.3}$$

を回路素子に供給される**瞬時電力**または**電力**（単位 W，ワット）と呼ぶ．電力は単位時間当り素子に供給されるエネルギーを表す．また，電力をある時刻 t_0 から $t_1 (\geq t_0)$ までの時間区間で積算した値

$$U = \int_{t_0}^{t_1} P(t) dt \tag{1.4}$$

は時間区間 $[t_0, t_1]$ において素子に供給されたエネルギーに相当し，**電力量**と呼ばれる（単位 Wh，ワット時[†]）．

[問 1.1] 瞬時電力，電力量が負の値をとる場合，物理的にどのような意味を持つか考えよ．

1.1.2 受動素子

受動素子は，供給されたエネルギー以外に，外部に対して自ら新たなエネルギーを発生しない回路素子である．よく用いられる受動素子として**抵抗器**，**容量**，**インダクタ**があり，それぞれ図 1.2 に示す回路記号で表される．

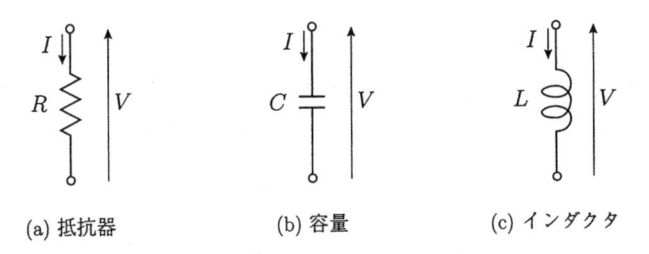

(a) 抵抗器   (b) 容量   (c) インダクタ

図 1.2 受動回路素子

(1) 抵抗器

抵抗器は通常単に**抵抗**と呼ばれ，抵抗の両端に生じる電圧と抵抗を流れる電流の関係として**オームの法則**

[†] 電力量の単位としてはワット秒 [Ws] でもよいが，実用的には量が小さすぎることから，通常ワット時 [Wh] やキロワット時 [kWh] の単位が用いられる．1 W = 1 J/s, 1 Wh = 3600 J.

$$V = RI \tag{1.5}$$

が成り立つ回路素子である．R は比例定数であり，抵抗値または単に抵抗（単位 Ω，オーム）と呼んでいる[†]．式 (1.5) は

$$I = GV = (1/R)V \tag{1.6}$$

と表すこともでき，抵抗 R の逆数 G をコンダクタンス（単位 S，ジーメンス）と呼ぶ．

(2) 容量

容量はキャパシタやコンデンサとも呼ばれ，電流と電圧の関係として次式が成立する回路素子である．

$$I(t) = C \frac{dV(t)}{dt} \tag{1.7}$$

ここで，C は容量値または単に容量あるいはキャパシタンス（単位 F，ファラド）と呼ばれる定数である．また，容量 C の時刻 t_0 における端子間の電圧を V_0 とすると，時刻 $t(\geq t_0)$ における電圧は

$$V(t) = \frac{1}{C} \int_{t_0}^{t} I(\tau) d\tau + V_0 \tag{1.8}$$

で与えられる．

(3) インダクタ

インダクタはコイルとも呼ばれ，電圧と電流の関係として次式の関係が成立する回路素子である．

$$V(t) = L \frac{dI(t)}{dt} \tag{1.9}$$

ここで，L はインダクタンス（単位 H，ヘンリー）と呼ばれる定数である．時刻 t_0 においてインダクタに流れる電流を I_0 とすると，時刻 $t(\geq t_0)$ における電流は

$$I(t) = \frac{1}{L} \int_{t_0}^{t} V(\tau) d\tau + I_0 \tag{1.10}$$

で与えられる．

[†] 厳密には抵抗器と抵抗値は区別して呼ぶべきであるが，通常これらを区別せず単に抵抗と呼ぶ場合が多い．同様に，容量やインダクタンスという用語も，素子自体を表す場合と素子値を表す場合がある．

[問 1.2] 二つの抵抗 R_1 と R_2 を並列に接続した回路は，$G_1 = 1/R_1$, $G_2 = 1/R_2$ とするとき，コンダクタンスが $G = G_1 + G_2$ である一つの抵抗と等価であることを示せ.

1.1.3 電源

電源は自ら電気エネルギーを発生する素子であり，発生する電圧または電流の値があらかじめ定まっている**独立電源**と，外部からの電圧または電流の値により，その電圧または電流の値が定まる**制御電源**がある．一般に，単に電源と言った場合には独立電源のことを指す．

(1) 電圧源

電圧源は，その両端を短絡した状態を除き，電圧源に接続する他の素子や回路とは無関係に，その両端に**起電力**と呼ぶあらかじめ定められた電圧値

$$V = E(t) \tag{1.11}$$

を発生させる独立電源であり，図 1.3(a) に示す回路記号で表す[†]. 電圧源を流れる電流の値は任意であり，電圧源に接続された他の素子や回路に依存して決まる．

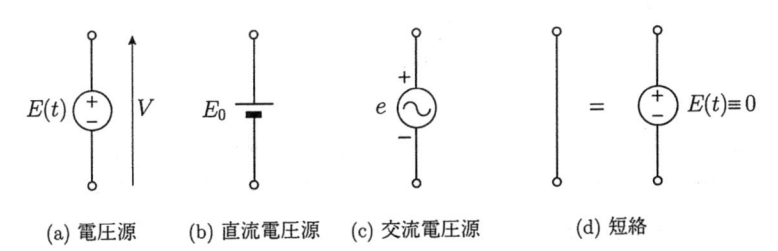

図 1.3 電圧源
(a) 電圧源　(b) 直流電圧源　(c) 交流電圧源　(d) 短絡

特別な場合として，起電力が時間に依存しない一定値 $E(t) = E_0$ をとる場合には，**直流電圧源**あるいは**電池**と呼び，図 1.3(b) に示す回路記号を用いる．また，交流電圧を発生する場合には**交流電圧源**と呼び，図 1.3(c) に示す回路記

[†] 一般的な電圧源を表す記号としては，図 1.3(a) の他にもいくつかの記号が用いられているが，本書では図の記号を用いることにする．

号を用いる．なお，$E(t) \equiv 0$，すなわち値が常に零の電圧源は端子間に電位差が生じないことから，図 1.3(d) に示すように端子間を短絡することと等価である．

(2) 電 流 源

電流源は，その両端を開放した状態を除き，電流源に接続された他の素子や回路とは無関係にあらかじめ定められた電流値

$$I = J(t) \tag{1.12}$$

を発生させる独立電源であり，図 1.4(a) に示す回路記号で表す．電流源の両端に生じる電圧の値は任意であり，電流源に接続された他の素子や回路に依存して決まる．

(a) 電流源   (b) 直流電流源   (c) 開放

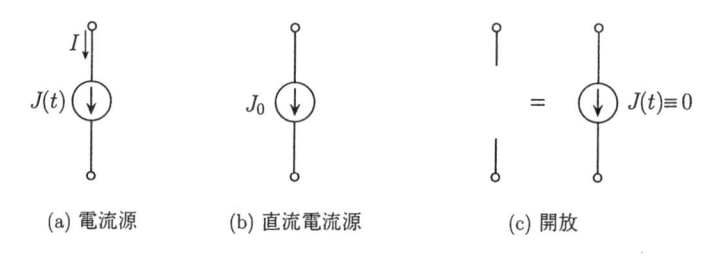

図 1.4　電流源

電圧源と同様，電流の値が時間に依存しない一定値 $J(t) = J_0$ をとる場合には**直流電流源**と呼び，交流の場合には**交流電流源**と呼ぶ†．また，$J(t) \equiv 0$，すなわち値が常に零の電流源は電流が流れないことから，図 1.4(c) に示すように端子間を開放することと等価である．

乾電池やバッテリー，家庭用交流電源コンセントなど，電圧源が日常身の回りに存在するのに対し，電流源はなじみが薄い．しかし，1.4 節で述べる通り，一般に電圧源と電流源はそれぞれ等価な電流源と電圧源に変換が可能であることから，電流源は特殊な回路素子ではない．

---

† 電圧源の場合とは異なり，一般的な電流源と直流電流源，交流電流源などの回路記号は同一であるため注意を要する．

(3) 制御電源

制御電源には，電圧制御電圧源，電流制御電圧源，電圧制御電流源，電流制御電流源の4種類がある．電圧制御電圧源及び電流制御電圧源は，それぞれ外部から与えられた電圧及び電流の値により値が定まる電圧源である．同様に，電圧制御電流源及び電流制御電流源は，それぞれ外部から与えられた電圧及び電流の値により値が定まる電流源である．

制御電源は，次章で示すように，トランジスタの動作を記述する等価回路に用いられる．

[問 1.3] 直流電流源 J_0 に抵抗 R を接続したとき，この電流源の両端に生じる電圧を求めよ．また容量 C を接続した場合はどうか．ただし，容量の初期電圧は 0 V とする．

[問 1.4] 独立電源は線形素子か．

1.2 キルヒホッフの法則

任意の回路において，回路素子が互いに接続されている点を**節点**と呼ぶ．また，一つの節点から出発し，出発点以外の一つ以上の節点を通って元の節点に戻る経路を**閉路**と呼ぶ．閉路と節点に関して以下の**キルヒホッフの法則**が成り立つ．

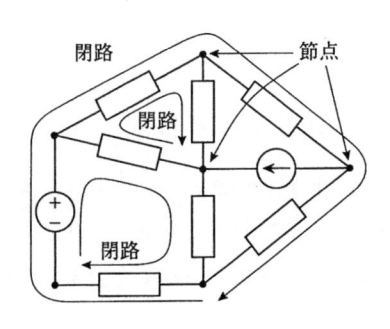

図 1.5 回路の節点と閉路

(a) キルヒホッフの電圧則   (b) キルヒホッフの電流則

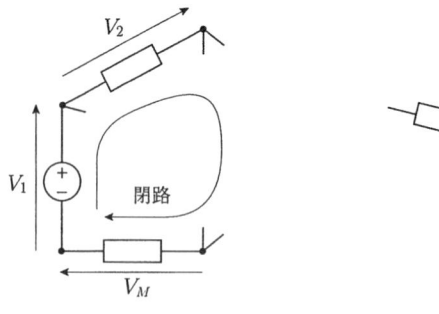

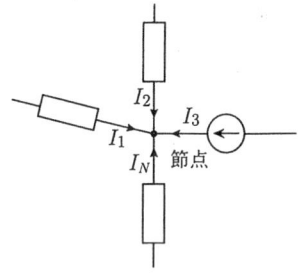

図 **1.6** キルヒホッフの法則

キルヒホッフの電圧則

回路中の任意の閉路に沿った節点間の電圧の総和は常に零である．

図 1.6(a) に示すように，回路中の任意の閉路を一つ選び，その向き（たとえば時計回り方向）を適当に定めて電圧の正負の基準とし，閉路上に沿って隣合う二つの節点間の電圧の総和をとった場合，キルヒホッフの電圧則を

$$V_1 + V_2 + \cdots + V_M = 0 \tag{1.13}$$

と表すことができる．ここで，M は閉路上に存在する回路素子の総数とする．節点間の電圧はそれぞれの節点に生じている電位の差分であることから，キルヒホッフの電圧則は，閉路の始点と終点で同一の電位であること，すなわち一つの節点の電位は一意であることを示している．

キルヒホッフの電流則

回路中の任意の節点における電流の総和は常に零である．

図 1.6(b) に示すように，回路中のある一つの節点に着目し，電流の向き（たとえば電流が流れ込む向きを正の向き）を適当に定義すれば，その節点につながっている回路素子の電流の総和をとった場合，キルヒホッフの電流則は

$$I_1 + I_2 + \cdots + I_N = 0 \tag{1.14}$$

であることを表している．ここで，N は一つの節点につながっている回路素子

の総数とする．電流の値は単位時間当りの電荷の移動量を表すことから，キルヒホッフの電流則は，一つの節点に流れ込む電荷と流れ出す電荷の総量が常に等しいことを示している．

1.3　重ね合せの理

回路中に含まれる電圧源や電流源の個数が多くなるにつれて，各回路素子を流れる電流やその両端に生じる電圧を求めることが次第に容易でなくなる．しかし，回路がすべて線形素子で構成された**線形回路**の場合には，以下に述べる**重ね合せの理**を用いることにより，各回路素子の電流や電圧の値を比較的容易に求めることができる．

重ね合せの理
複数個の電源と線形回路により構成された回路において，線形回路中の任意の素子の電圧及び電流の値は，一つの電源のみを残して他の電源を除去した場合について電圧及び電流の値を求め，他の電源についても同様にして求めた値を全て加え合わせた値に等しい．ただし，電源を除去する際，電圧源は短絡（電圧値が零），また電流源は開放（電流値が零）とする．

例として，図 1.7 に示す電圧源及び電流源と線形回路から構成された回路を考え，線形回路中の任意の素子の電圧 V と電流 I の値を求めることを考える．ここで，図 1.8 に示すように k 番目の電源のみを残し，他の電圧源は短絡，電

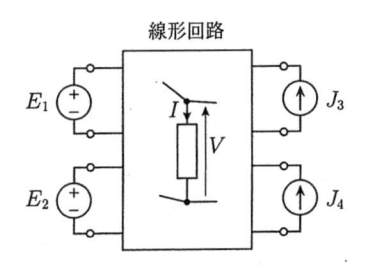

図 1.7　電源と線形回路からなる回路

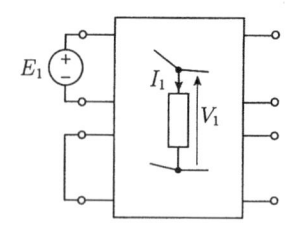

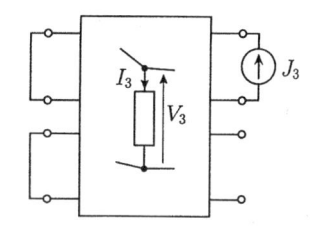

(a) 電圧源 E_1 を除く電源の除去 　　(b) 電流源 J_3 を除く電源の除去

図 1.8　重ね合せの理における電源の除去の例

流源は開放したときの電圧及電流をそれぞれ V_k 及び I_k とすると，重ね合せの理によれば，着目する素子の電圧 V と電流 I の値はそれぞれ

$$\begin{cases} V = \sum_k V_k = V_1 + V_2 + V_3 + V_4 \\ I = \sum_k I_k = I_1 + I_2 + I_3 + I_4 \end{cases} \tag{1.15}$$

により求めることができる．

1.4　電源の等価性

図 1.9 に示す電圧源と抵抗が直列に接続された回路を考える．出力端子に何も接続せず開放状態とした場合，電流が流れないことから，出力端子の電圧 V_{out} は電圧源の起電力と等しく

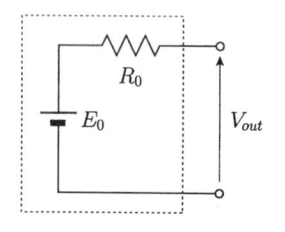

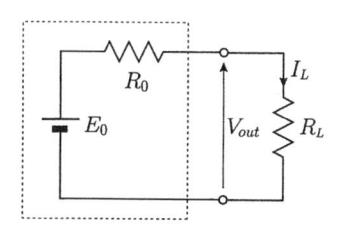

(a) 出力端子が開放の場合　　(b) 抵抗を接続した場合

図 1.9　内部抵抗を持つ電圧源

1.4 電源の等価性

$$V_{out} = E_0 \tag{1.16}$$

となる．

一方，出力端子に抵抗 R_L を接続した場合，この抵抗を流れる電流は

$$I_L = \frac{E_0}{R_0 + R_L} \tag{1.17}$$

であるから，抵抗 R_L の両端すなわち出力端子に生じる電圧は

$$V_{out} = R_L I_L = \frac{R_L}{R_0 + R_L} E_0 \tag{1.18}$$

で与えられる．

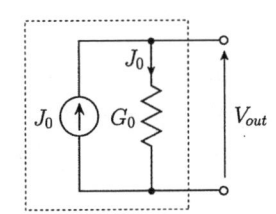

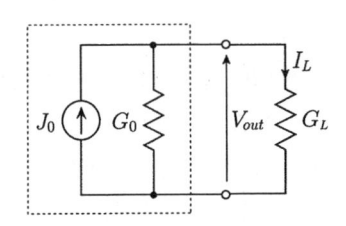

(a) 出力端子が開放の場合　　(b) 抵抗を接続した場合

図 **1.10** 内部抵抗を持つ電流源

次に，図 1.10 に示す電流源と抵抗が並列に接続された回路を考える．ここで，出力端子に何も接続しない場合，電流源の出力電流は全てこの抵抗を流れることから，コンダクタンスを G_0 とすると，出力端子に生じる電圧は

$$V_{out} = \frac{1}{G_0} J_0 \tag{1.19}$$

となる．

一方，出力端子にコンダクタンスが G_L である抵抗を接続した場合，二つの抵抗を並列に接続した回路は，コンダクタンスがそれぞれのコンダクタンスの和で表される一つの抵抗と等価であることから†，出力端子に生じる電圧は

$$V_{out} = \frac{1}{G_0 + G_L} J_0 \tag{1.20}$$

となる．したがって，出力端子に接続された抵抗を流れる電流は

---

† 問 1.2 参照．

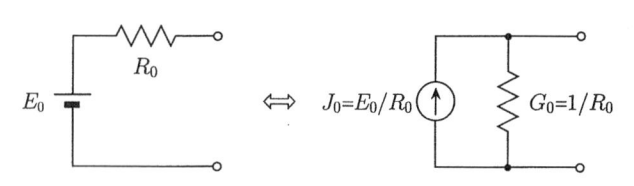

図 1.11　等価な電圧源と電流源

$$I_L = G_L V_{out} = \frac{G_L}{G_0 + G_L} J_0 \tag{1.21}$$

で与えられる．

ここで，図 1.9 と図 1.10 の二つの場合について，出力端子に接続された抵抗が同一，すなわち $G_L = 1/R_L$ であるとすると，出力端子開放時の出力電圧である式 (1.16) と (1.19)，抵抗接続時に出力端子から流れ出す電流を表す式 (1.17) と (1.21)，そのときの出力電圧を表す式 (1.18) と (1.20) をそれぞれ比較することにより

$$\begin{cases} G_0 = 1/R_0 \\ J_0 = E_0/R_0 \end{cases} \tag{1.22}$$

という関係があれば，図 1.9(a) 及び図 1.10(a) に示す電源は，出力端子に接続された抵抗に対して全く同じ働きをすることがわかる．

すなわち，出力端子からみた電源の内部に抵抗が含まれている場合，図 1.11 に示すように電圧源と電流源はそれぞれ等価な働きをする電流源と電圧源にそれぞれ変換できることを意味している．ここで，R_0 や G_0 などの電源の内部に含まれる抵抗成分を**内部抵抗**と呼んでいる．

乾電池やバッテリなど実際に使われている電圧源は，内部抵抗が存在するため，図 1.11 の等価回路で表すことができる．

[問 1.5]　起電力が $E_0 = 1.5$ V，内部抵抗が $R_0 = 0.5$ Ω の電池と等価な直流電流源を求めよ．また，内部抵抗 $R_0 = 0$ Ω の場合はどのようになるか考えよ．

1.5 積分回路と微分回路

1.5.1 積分回路

図 1.12(a) に示す抵抗と容量からなる RC 回路を考える.この回路の入力端子に電圧源を接続して電圧 V_{in} を与えたとき,出力端子に生じる電圧 V_{out} を求めてみる.

(a) RC積分回路   (b) 電圧源を接続した回路

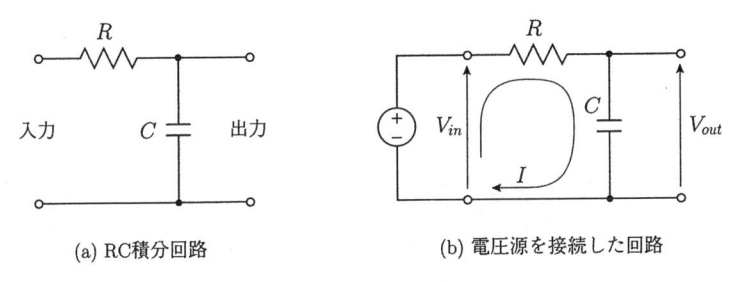

図 1.12 積分回路

図 1.12(b) に示すように閉路をとると,キルヒホッフの法則及び式 (1.5),式 (1.7) の関係から

$$\begin{cases} V_{in}(t) = RI(t) + V_{out}(t) \\ I(t) = C\dfrac{dV_{out}(t)}{dt} \end{cases} \quad (1.23)$$

が成り立ち,これを V_{out} について整理すると次式が得られる.

$$\frac{dV_{out}(t)}{dt} + \frac{1}{CR}V_{out}(t) = \frac{1}{CR}V_{in}(t) \quad (1.24)$$

したがって,入力電圧 V_{in} が与えられた場合,出力電圧 V_{out} は式 (1.24) で表される微分方程式を解くことにより求められる[†].

[†] 一般に,$y' + f(x)y = g(x)$ という形式は 1 階線形微分方程式と呼ばれ,その解は次式で与えられる.ただし,Const. は定数とする.

$$y = e^{-h(x)}\left[\int e^{h(x)}g(x)dx + \text{Const.}\right], \quad h(x) = \int f(x)dx$$

図 1.13 (a) 入力電圧波形

図 1.13 (b) 出力電圧及び電流波形

図 1.14 (a) 入力電圧波形

図 1.14 (b) $\tau = 0.1 t_w$

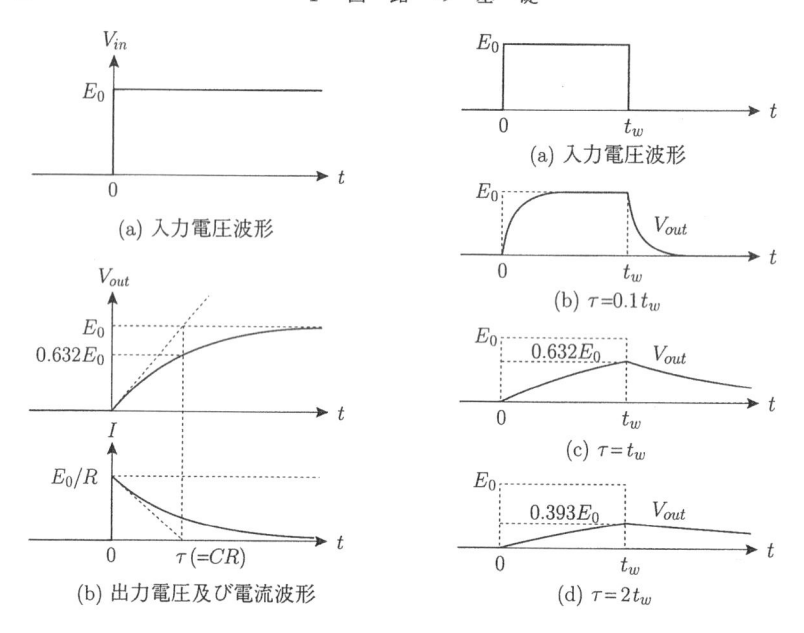

図 1.14 (c) $\tau = t_w$

図 1.14 (d) $\tau = 2 t_w$

図 1.13　積分回路のステップ応答

図 1.14　方形パルス入力に対する出力波形

ここで例として，図 1.13(a) に示す時刻 $t = 0$ で値が零から E_0 にステップ状に変化する入力電圧波形を考える．

$t < 0$ の場合，$V_{in}(t) = 0$ より $V_{out}(t) = 0$ となる．一方，$t \geq 0$ の場合，$V_{in}(t) = E_0$ より式 (1.24) は

$$\frac{dV_{out}}{dt} = \frac{1}{CR}(E_0 - V_{out}) \tag{1.25}$$

となる．この微分方程式を解くために，変数 V_{out} と t を分離して両辺を積分することにより

$$\int \frac{1}{V_{out} - E_0} dV_{out} = -\int \frac{1}{CR} dt \tag{1.26}$$

が得られる．ここで，$\int \frac{1}{x} dx = \ln|x| + \text{Const.}$ の関係を利用すれば，V_{out} の一般解として

$$V_{out}(t) = E_0 - A e^{-\frac{t}{CR}} \tag{1.27}$$

が得られる．ただし，A は初期条件により定まる積分定数であり，$t = 0$ で

1.5 積分回路と微分回路

$V_{out} = 0$ の条件より $A = E_0$ となる．したがって，出力電圧は

$$V_{out}(t) = E_0 \left(1 - e^{-\frac{t}{CR}}\right) \quad (t \geq 0) \tag{1.28}$$

で表される．また，このときの電流 I は，式 (1.23) 及び式 (1.28) より

$$I(t) = C\frac{dV_{out}(t)}{dt} = \frac{E_0}{R}e^{-\frac{t}{CR}} \quad (t \geq 0) \tag{1.29}$$

となる．

以上の結果より，図 1.13(a) に示す入力電圧に対する出力電圧波形と閉路の電流波形の概形として図 1.13(b) が得られる．ここで，時刻 $t = 0$ における出力電圧の立ち上がりの傾きを求めると，

$$\left.\frac{dV_{out}(t)}{dt}\right|_{t=0} = \frac{E_0}{CR} \tag{1.30}$$

となり，この傾きのまま出力電圧が増加した場合には，時刻 $\tau = CR$ で入力電圧の値 E_0 に到達することがわかる．

$\tau = CR$ の値は出力波形の立ち上がりの形状を決める要因となっており，**時定数**と呼ばれる．時定数 τ の値と出力波形の関係を説明するために，図 1.14(a) に示す方形状の電圧波形を入力した場合について，出力波形の概形を図 1.14(b)～(d) に示す．時定数の値が入力電圧 E_0 の持続時間 t_w に比べて十分小さい場合，出力波形の形状は立ち上がりや立ち下がり時の波形のなまりを除いて，入力波形の形状がほぼ保存される．これに対して，$\tau \gg t_w$ である場合，出力波形は入力波形を積分した形状，すなわち直線に近付くことがわかる．このことから，図 1.12(a) の回路は**積分回路**または **RC 積分回路**と呼ばれている．

[問 1.6] 図 1.13 に示した積分回路の出力波形において，$V_{out} = E_0/2$ となる時刻 τ_d を求めよ．

1.5.2 微分回路

積分回路の抵抗と容量を入れ換えた図 1.15(a) の RC 回路は**微分回路**または **RC 微分回路**と呼ばれる．積分回路と同様，図 1.15(b) に示す通り，微分回路の入力端子に適当な電圧源を接続したとき出力端子に生じる電圧 V_{out} を求めてみる．

容量の両端に生じる電圧を V_C とすると，図 1.15(b) より

(a) RC微分回路 (b) 電圧源を接続した回路

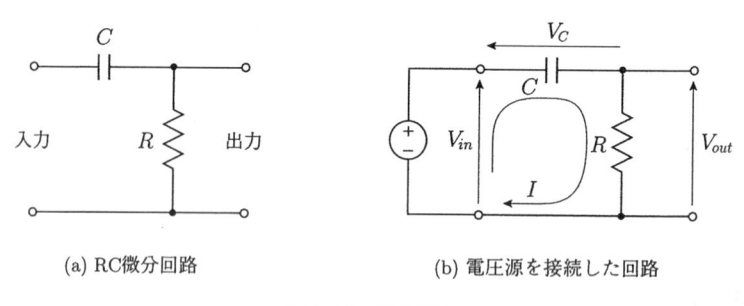

図 1.15　微分回路

$$\begin{cases} V_{out}(t) = RI(t) \\ V_C(t) = V_{in}(t) - V_{out}(t) \\ I(t) = C\dfrac{dV_C(t)}{dt} \end{cases} \quad (1.31)$$

の関係が得られ，これから変数 V_C 及び I を消去すると V_{out} に関する次式の微分方程式が得られる．

$$\frac{dV_{out}(t)}{dt} + \frac{1}{CR}V_{out}(t) = \frac{dV_{in}(t)}{dt} \quad (1.32)$$

したがって，微分回路の場合は，式 (1.32) の微分方程式を解くことにより出力電圧が求められる．

例として，積分回路の場合と同様，入力電圧として図 1.16(a) に示すステップ状に変化する波形を考える．式 (1.32) の微分方程式より直接解を求めてもよいが，微分回路と積分回路では抵抗と容量の位置が入れ替わっているだけで，閉路を流れる電流 I は同一であることから，ここでは式 (1.31) の第1式の関係から求めることにする．

積分回路の場合，ステップ状に変化する入力電圧に対して閉路を流れる電流は式 (1.29) で与えられる．微分回路でも同一の電流が閉路に流れることから，出力電圧は $V_{out}(t) = RI(t)$ の関係より

$$V_{out}(t) = E_0 e^{-\frac{t}{CR}} \quad (t \geq 0) \quad (1.33)$$

となる．このときの出力電圧波形は図 1.16(b) に示す通りである．

図 1.16(b) で，時刻 $t = 0$ における波形の立ち下がりの傾きを求めると，

1.5 積分回路と微分回路

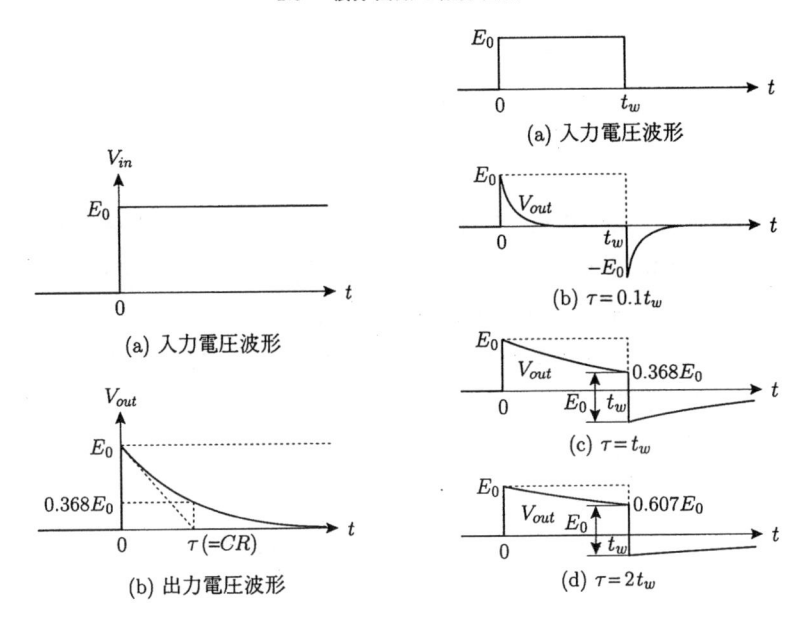

(a) 入力電圧波形

(b) 出力電圧波形

図 1.16 微分回路のステップ応答

(a) 入力電圧波形

(b) $\tau = 0.1 t_w$

(c) $\tau = t_w$

(d) $\tau = 2 t_w$

図 1.17 方形パルス入力に対する出力波形

$$\left. \frac{dV_{out}(t)}{dt} \right|_{t=0} = -\frac{E_0}{CR} \tag{1.34}$$

となり，この傾きのまま出力電圧が減衰した場合，出力電圧が零となる時刻は時定数 $\tau = CR$ の値と一致することがわかる．

微分回路に方形状の電圧波形を入力した場合について，時定数 τ と出力電圧波形の関係を示した例を図 1.17 に示す．積分回路の場合とは逆に，$\tau \gg t_w$ である場合の出力波形は，入力波形が一定値を保っている部分で単調に減少することを除いて，入力波形の形状がほぼ保存される．これに対し，$\tau \ll t_w$ である場合には，出力波形は入力波形を微分した形状に近付く．

[問 1.7] 図 1.15(b) において，V_{in} を図 1.16(a) としたとき，時刻 $t = 10\mathrm{ns}$[†]で出力電圧が $V_{out} = \frac{E_0}{2}$ になったとする．$R = 1\mathrm{k\Omega}$ として容量 C の値を求めよ．

[†] n（ナノ）は 10^{-9} を表す．この他，μ（マイクロ）$= 10^{-6}$, p（ピコ）$= 10^{-12}$, f（フェムト）$= 10^{-15}$, M（メガ）$= 10^{6}$, G（ギガ）$= 10^{9}$, T（テラ）$= 10^{12}$ などの記号を用いる．

1.6 パルス波形

前節の例で示した方形状の入力電圧波形のように，エネルギーが局所的に存在するような波形を総称して**パルス波形**または単にパルスと呼んでいる．特に，パルスが時間的に繰り返される場合を**パルス列**，また，ある時刻に1回だけパルス波形が現れる場合を**単一パルス**と呼ぶこともある．代表的なパルス波形の例を図 1.18 に示す．

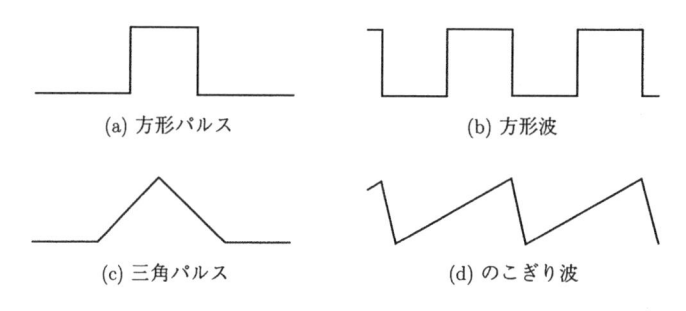

(a) 方形パルス　　(b) 方形波

(c) 三角パルス　　(d) のこぎり波

図 **1.18**　パルス波形の例

図 1.19 に示すように周期的に同じ波形が繰り返されるパルス波形の場合，n を任意の整数として波形が

$$v(t) = v(t + nT) \tag{1.35}$$

と表されるとき，式 (1.35) が成り立つ最小の時間 $T(>0)$ を**基本周期**または単に**周期**と呼ぶ．また，周期の逆数

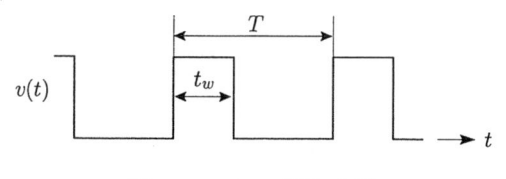

図 **1.19**　パルス波形の周期

1.6 パルス波形

$$f = 1/T \tag{1.36}$$

を基本周波数または単に周波数（単位 Hz, ヘルツ）と呼ぶ．さらに，1 周期内におけるパルスの持続時間 t_w と周期 T の比

$$D = t_w/T \tag{1.37}$$

をデューティファクタと呼んでいる．

現実の回路においては，物理的な制約や様々な条件により，実際のパルス波形は図 1.18 に示したような波形とはならない．たとえば方形パルスの場合には，図 1.20 に示すような様々な形状となって現れる．この理由としては，理想的なパルス波形を生成する電源が現実に存在しないこともあるが，集積回路上に実現された回路素子やそれらを接続する配線に存在する不要な抵抗成分や容量成分などによる影響があげられる．このように，本来の回路素子が持つ機能とは異なり，回路や回路素子の構造に依存して生じる不必要な素子を総称して寄生素子と呼ぶ．

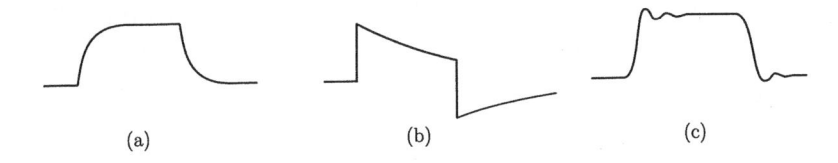

図 1.20 実際のパルス波形の例

図 1.20(a) は，方形パルスを積分回路に通した場合や，配線に寄生抵抗や寄生容量が存在してこれが等価的に図 1.12(a) で表されるような伝送路に通した場合に現れる波形である．

図 1.20(b) は方形パルスを微分回路またはそれと等価な特性を持つ伝送路に入力した場合の出力波形である．この波形のように，パルス波形が時間とともに単調に減少すること，またはその減少率のことをサグと呼ぶ．

図 1.20(c) の波形は，抵抗や容量成分の他にインダクタンス成分が存在するような回路または伝送路に方形パルスを通した際に現れる波形の例である．この場合，波形の立ち上がりや立ち下がり部分において，入力された値より大き

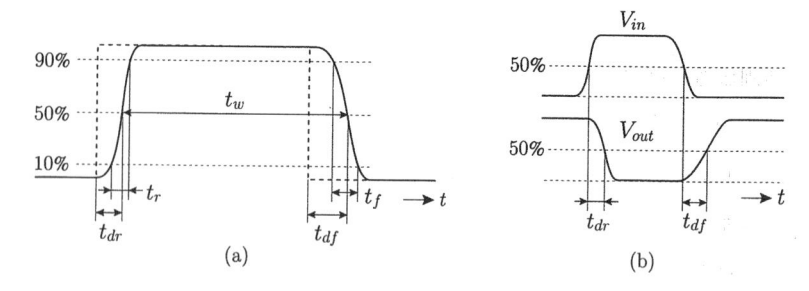

図 1.21 実際のパルス波形を記述する特徴量

な値となるオーバーシュートや負の値となるアンダーシュート，また入力値に減衰振動しながら近付いていくリンギングと呼ばれる形状が現れる．

実際の回路や信号伝送路では，これらの現象が複合して生じ，より複雑な波形となって現れることが多い．このような一般的なパルス波形の特徴を記述するために，以下に示す値が用いられる．

図 1.21(a) に示すように，実際のパルス波形において，波形の立ち上がり時に，振幅が 10%から 90%まで上昇するのにかかる時間 t_r を**立ち上がり時間**，同様に，波形の立ち下がり時に，振幅が 90%から 10%まで下降するのにかかる時間 t_f を**立ち下がり時間**と呼ぶ．

また，理想的な方形パルスの立ち上がり及び立ち下がり時刻を基準として，実際のパルス波形が理想波形の振幅の 50%の値に到達するまでにかかる時間 t_{dr} 及び t_{df} を，それぞれ立ち上がり時及び立ち下がり時の**遅延時間**と呼ぶ．一般に，t_{dr} と t_{df} の値は異なることから，その平均をとった

$$t_d = \frac{t_{dr} + t_{df}}{2} \tag{1.38}$$

を**平均遅延時間**と呼んでいる．さらに，振幅が 50%以上となっている時間 t_w を**パルス幅**と呼ぶ．

一方，ある回路に入力された波形と回路からの出力波形の間の時間遅れが問題になるような場合には，図 1.21(b) に示すように，入力波形 V_{in} 及び出力波形 V_{out} の振幅の変化が 50%に達したときの入出力間の時間差 t_{dr} と t_{df} の平均

値 t_{pd} を平均伝搬遅延時間と呼んでいる．

[問 1.8] 図 1.19 において，基本周波数が 100 MHz，デューティファクタ $D = 0.4$ とするとき，T と t_w の値を求めよ．

演 習 問 題

(1) 下図の回路において，電圧 V_{in}，V_{out} 及び電流 I の値を求めよ．

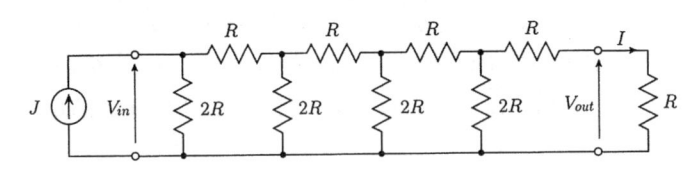

図 1.22 演習問題 (1)

(2) 電圧 1.5 V と表示された乾電池の電極間の電圧を測定したところ $V_0 = 1.55$ V であった（図 1.23(a)）．次に，この乾電池に $R = 15\ \Omega$ の抵抗を接続して電極間の電圧を測定したところ，$V_1 = 1.5$ V となった（図 1.23(b)）．このとき以下の問に答えよ．

   (a) この乾電池の等価回路を直流電圧源と内部抵抗を用いて表せ．
   (b) 図 1.23(c) のように抵抗 $R_L = 10\ \Omega$ と直流電流源 $J = 100$ mA を接続したときの電圧 V_2 の値を求めよ．

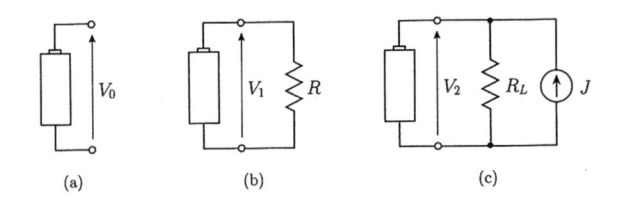

図 1.23 演習問題 (2)

(3) 図 1.24 に示す内部抵抗を持つ電源に抵抗を接続した回路について以下の問に答えよ．

   (a) 抵抗 R_L に供給される電力の値を求めよ．
   (b) 抵抗の値 R_L を変化させたとき，電源から抵抗 R_L に供給される電力が最大になる条件を求めよ．

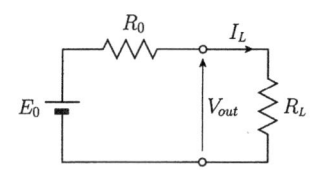

図 1.24　演習問題 (3)

(c) 電源から抵抗 R_L に供給される電力の最大値を求めよ．

(4) 図 1.15 に示した微分回路に関して，入力電圧を $V_{in}(t) = (E_0/CR)t$ $(t \geq 0)$ としたとき，出力電圧 $V_{out}(t)$ を求めよ．ただし，$V_{in}(t) = V_{out}(t) = 0$ $(t < 0)$ とする．

(5) 図 1.25 に示すように，微分回路において，抵抗と並列に寄生容量 C_P が存在するとする．

(a) 出力電圧に関する微分方程式を求めよ．
(b) 入力電圧を図 1.16(a) とするとき，$V_{out}(t)|_{t=0} = E_0 C/(C + C_P)$ の関係を用いて出力電圧を求めよ．

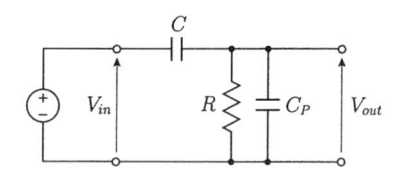

図 1.25　演習問題 (5)

(6) 図 1.26 に示す積分回路に，パルス幅 100 ns の方形パルス電圧を入力した．このとき，この回路の平均伝搬遅延時間を求めよ．

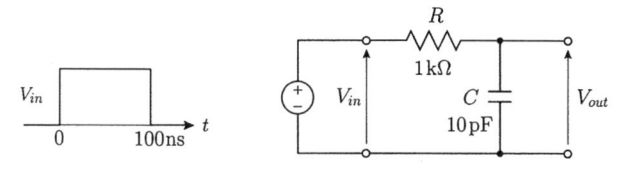

図 1.26　演習問題 (6)

2

半導体とトランジスタ

集積回路上で論理回路を構成するためには，トランジスタの特性を知ることが重要である．そこで，本章ではまず，トランジスタの構成要素である半導体の性質について述べ，これを基に，ダイオード並びにMOSトランジスタ，バイポーラトランジスタの特性について学習する．

2.1 半導体とその種類

半導体とは，絶縁体と導体の中間の電気伝導度を有する物質のことである．代表的な半導体として，シリコン (Si) やゲルマニウム (Ge) などのIV族の元素によって構成された半導体がある．図2.1に示すように，シリコンなどのIV

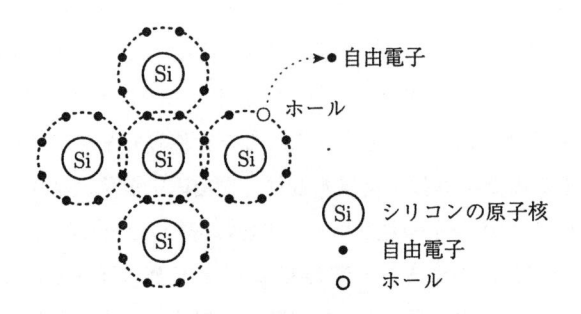

図 2.1 半導体の模式図

図 2.2 ホールの移動

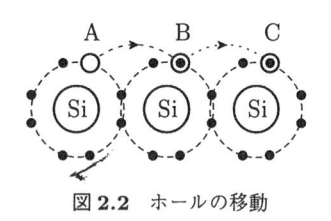

族の原子は最外殻に 4 個の電子を持っており，その結晶は，各原子が自分自身の 4 個の最外殻電子と，自分自身を取り囲む他の 4 個の原子の最外殻電子を 1 個ずつ共有し，合計 8 個の最外殻電子で囲まれた状態で安定する．これを**共有結合**と呼ぶ．外部から光や熱などのエネルギーを受けると，この最外殻電子が原子核から離れ，**自由電子**となる．また，自由電子の抜けた状態を**正孔**または**ホール**と呼ぶ．ホールは自由電子によって埋められると消滅する．これを**再結合**と呼んでいる．

　自由電子は負の電荷を持っており，その移動によって電流が発生する．一方，ホールは自由電子が抜けた穴であるので，正の電荷を持っている．正の電荷を持つホールは自由電子と異なり，それ自体は移動しない．しかし，図 2.2 に示すように，初めは A と B に電子が，また C にホールがそれぞれあり，その後，電子が B から C へ移動して C にあったホールを埋めることにより，B に新たにホールが生じ，さらに A から B に電子が移動して B にできたホールを埋めたとする．この過程は，ホールが C から B，B から A へ移動したと考えることもできる．すなわち，図 2.2 に示す電子の移動は，正の電荷を持ったホールの移動と等価である．したがって，自由電子と同様に，ホールが移動することによっても電流が発生すると考えることができる．このように，自由電子やホールは，電荷の担い手であることから，これらを総称して**キャリア**と呼んでいる．

　IV 族の元素のみで半導体を実現すると，自由電子が発生すれば必ずホールも発生するので，自由電子の数とホールの数は等しい．一方，この半導体にホウ素 (B) などの III 族の元素やヒ素 (As) などの V 族の元素といった不純物を加えることにより，自由電子やホールの数を選択的に増加させることができる．たとえば，図 2.3(a) に示すように，シリコン半導体にホウ素が入ったとする．

2.1 半導体とその種類

ホウ素はIII族の元素であり，最外殻電子の数が3であるため，ホウ素原子を取り囲む4個のシリコン原子と最外殻電子を共有しても，ホウ素原子は7個の最外殻電子しか持たない．このため，自由電子を伴わずにホールが発生する．同じように，図2.3(b)に示す通り，V族の元素であるヒ素がシリコン半導体に入った場合，ヒ素原子の最外殻電子の数が5であるため，ヒ素原子を取り囲むシリコン原子と最外殻電子を共有すると，ヒ素原子は9個の電子で囲まれる．したがって，9個の最外殻電子の内1個は僅かなエネルギーで自由電子となり，この場合にはホールは発生しない．

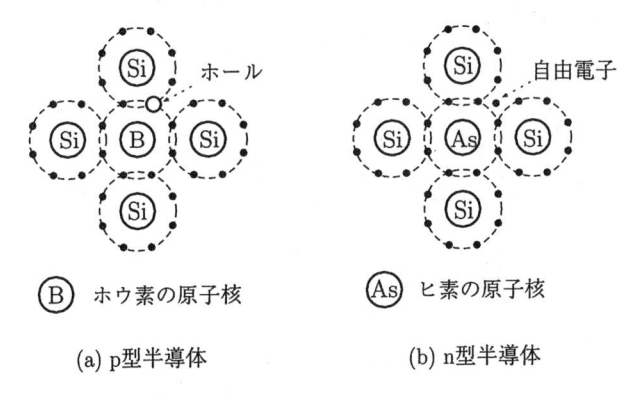

(a) p型半導体   (b) n型半導体

図 2.3　不純物半導体の模式図

不純物を加えた半導体を**不純物半導体**，また，不純物を加えていない半導体を**真性半導体**と呼ぶ．さらに，不純物半導体は，III族の元素などを加えることによりホールが自由電子よりも多く存在する**p型半導体**と，V族の元素などを加えることにより自由電子がホールよりも多く存在する**n型半導体**とに分けることができる．p型半導体中のIII族の元素などの不純物を**アクセプタ**，n型半導体中のV族の元素などの不純物を**ドナー**と呼んでいる．また，不純物半導体中に存在する2種類のキャリアの中で，数が多いキャリアを**多数キャリア**，数が少ないキャリアを**少数キャリア**と呼ぶ．

[問 2.1]　n型半導体中の多数キャリアと少数キャリアはそれぞれ何か．また，p型半導体の場合はどうなるか．

2.2 pn 接合ダイオード

2.2.1 pn 接 合

pn 接合とは，図 2.4 に示すように，一つの半導体結晶中の p 型半導体で構成されている部分と n 型半導体で構成されている部分が原子的に接触した構造のことである．pn 接合は，集積回路を構成するための基本となる重要な構造である．以下に，pn 接合の電気的特性について説明する．

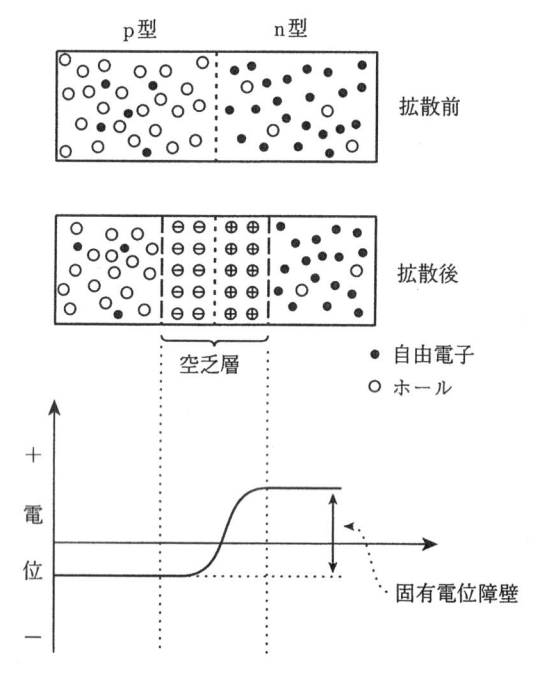

図 2.4 pn 接合における拡散と再結合

図 2.4 に示すように，p 型半導体並びに n 型半導体中の自由電子とホールの濃度には偏りがあるが，粒子の濃度が均一になろうとする性質のためホールは p 型半導体から n 型半導体へ移動し，また自由電子は n 型半導体から p 型半

導体へ移動する．この移動を**拡散**と呼ぶ．拡散によって，自由電子とホールが出会い，再結合が起こる．再結合の結果，接合面付近ではキャリアの存在しない領域が発生する．これを**空乏層**と呼ぶ．拡散の結果，最初は電気的に中性であった p 型半導体や n 型半導体から電荷を担うキャリアが流出，流入したため，電気的な偏りが発生する．n 型半導体にはホールが流入するため正に帯電し，p 型半導体には自由電子が流入するため負に帯電する．この結果，n 型半導体の電位が p 型半導体の電位よりも高くなる．この電位差のことを**固有電位障壁**と呼ぶ．p 型半導体と n 型半導体が接した接合面付近では，この空乏層内に発生した固有電位障壁のため，正の電荷を有している p 型半導体中のホールは電位の高い n 型半導体へ移動しにくくなる．逆に，n 型半導体中の自由電子は負の電荷を有しているので電位の低い p 型半導体へ移動しにくくなる．この結果，拡散が停止する．

2.2.2 pn 接合ダイオードとその特性

図 2.5(a) に示すように，pn 接合に外部から電圧を加えることにより，p 型半導体の電位を上げ，n 型半導体の電位を下げると，固有電位障壁が低くなり，電流が流れやすくなる．逆に，図 2.5(b) に示すように，p 型半導体の電位を下げ，n 型半導体の電位を上げると，固有電位障壁がより高くなり，電流は流れにくくなる．このように pn 接合では，電圧を加える向きにより電流の流れ方が異なり，電気的な方向性が生じる．一方向のみに電流を流す性質を**整流作用**

(a) 順方向バイアス　　(b) 逆方向バイアス

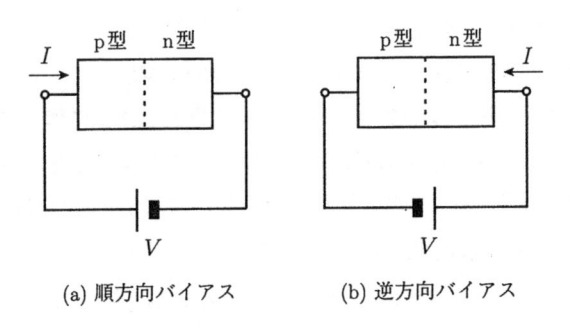

図 2.5　pn 接合におけるバイアス

と呼び，整流作用を持つ素子をダイオードと呼んでいる．特に，図2.5のように，pn接合に2個の端子を付加した素子を**pn接合ダイオード**と呼ぶ．さらに，図2.5(a)のように電流が流れる向きを**順方向**と呼び，順方向に電流が流れるように電圧を加えることを**順方向バイアス**と呼ぶ．また，図2.5(b)のように電流が流れる向きを**逆方向**と呼び，逆方向に電流が流れるように電圧を加えることを**逆方向バイアス**と呼ぶ．

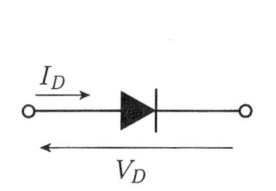

図2.6 pn接合ダイオードの記号　　**図2.7** pn接合ダイオード電圧・電流特性

図2.6にpn接合ダイオードの記号を示す．順方向バイアスの場合を電圧 V_D の正方向とし，順方向に電流が流れる向きを電流 I_D の正方向とすると，ダイオードの電圧・電流特性は

$$I_D = I_S(e^{\frac{q}{kT}V_D} - 1) \tag{2.1}$$

で与えられる．ただし，$q(=1.6\times10^{-19}\text{C})$ は電荷，$k(=1.38\times10^{-23}\text{J}\cdot\text{K}^{-1})$ はボルツマン定数，T は絶対温度，I_S は0.1〜10fA程度の定数である．

式(2.1)から得られるダイオードの電圧・電流特性を図2.7に示す．図2.7からわかるように，実際のダイオードでは，順方向に電圧を加えると徐々に電流が流れ，シリコンの場合は0.7〜0.8V付近から電流が急激に増加する．逆方向に電圧を加えると，僅かではあるけれども電流が流れる．十分大きな逆方向バイアスを加えた場合，式(2.1)よりダイオードに流れる電流はほぼ $-I_S$ となることから，I_S は**逆方向飽和電流**と呼ばれている．

[問2.2]　式(2.1)から，$I_S=0.1$fAとして，V_D が0.6V, 0.7V, 0.8Vそれぞれの場合の I_D を求めよ．ただし，$T=300$Kとする．

2.2.3　pn 接合ダイオードの等価回路

ダイオードは，抵抗と異なり，電圧と電流が比例しないため，電圧と電流の関係を表す式 (2.1)を直接用いてダイオードを含む回路を解析することは煩雑である．そこで図 2.7 の特性を適切に近似することによりダイオードを別の素子を用いて表し，解析を容易にする．

(1)　理想ダイオード特性とその等価回路

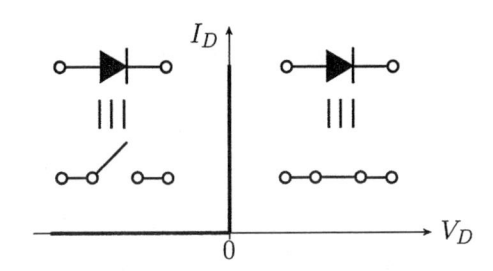

図 **2.8**　理想ダイオード特性とその等価回路

順方向に電流が流れている状態ではダイオードの両端に発生する電位差が 0V であり，逆方向バイアスの電圧を加えた場合には電流は全く流れないという特性を持つダイオードを**理想ダイオード**と呼ぶ．理想ダイオードの特性を図 2.8 に示す．この特性は，図 2.7 の特性を原点で直角に折れ曲がる直線に近似したことに他ならない．すなわち，理想ダイオードは V_D が負の領域では開放，正の領域では短絡と等価であり，電圧 V_D に応じて開閉するスイッチと等価であることがわかる．また，ダイオードが開放と等価の状態をダイオードが**オフ**していると言い，短絡と等価の状態をダイオードが**オン**していると言う．

(2)　近似ダイオード特性とその等価回路

図 2.7 からわかるように，実際のダイオードは，V_D が正でも 0V に近い場合には殆ど電流が流れない．したがって，V_D が 0V 付近において，実際のダイオードの特性と理想ダイオードの特性とが大きく異なる．近似の精度を上げるためには，図 2.9 に示すように，ダイオードに電流が流れている状態では，ダイオードの両端に発生する電位差が一定値となり，その電圧以下では電流が全く

30   2 半導体とトランジスタ

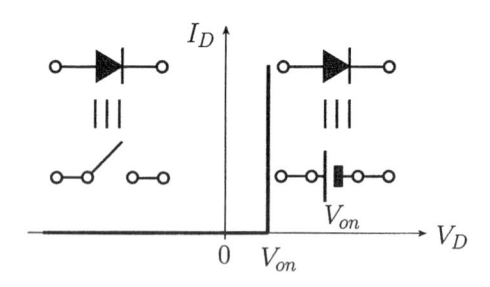

図 2.9 近似ダイオード特性とその等価回路

流れないとすればよい．図 2.9 の特性を持つダイオードは，V_D が V_{on} 以下の領域では開放と等価となり，V_{on} 以上の領域では V_{on} という値の直流電圧源と等価となる．理想ダイオードの場合と同様に，ダイオードが開放と等価の状態をオフしていると言い，直流電圧源と等価の状態をオンしていると言う．また，本書では，ダイオードがオンしている場合の電圧 V_{on} を**オン電圧**と呼ぶことにする[†]．一般に，シリコン半導体ではオン電圧 V_{on} の値は 0.7〜0.8V 程度である．

[問 2.3] 式 (2.1) から，$I_S=0.1\mathrm{fA}$，$T=300\mathrm{K}$ として，I_D が $100\mu\mathrm{A}$ の場合と 1mA の場合の V_D を求めよ．また，オン電圧を 0.7V とした場合，近似ダイオード特性の誤差はいくらか．

2.3　金属・半導体接触ダイオード

整流作用は，pn 接合以外の構造によっても得られる．集積回路において重要な構造の一つに**金属・半導体接触**がある．この金属・半導体接触構造において半導体の不純物濃度を適切に調整すると整流作用を実現することができる．図 2.10 に示すように，金属と半導体を接触させて実現したダイオードを**ショットキバリアダイオード**と呼ぶ．n 型半導体中の自由電子の濃度が低い場合，電位障壁が発生し，整流作用が現れる．このような金属・半導体接触をショット

[†] 順方向電圧と呼ぶ場合もある．

2.4 MOSトランジスタ

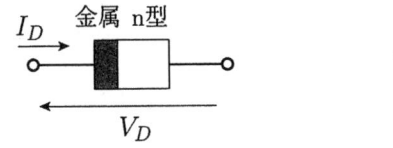

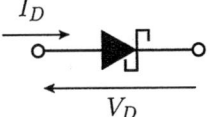

図2.10 ショットキバリアダイオードの模式図

図2.11 ショットキバリアダイオードの記号

キ障壁接触と呼ぶ．

一方，n型半導体中の自由電子の濃度が十分高いと，整流作用は現れない．このような金属・半導体接触をオーム接触と呼ぶ．集積回路上で各素子を接続する金属配線は，整流作用が現れないように，半導体と金属とがオーム接触していなければならない．このため，配線のために金属が接触する半導体部分には，不純物濃度が高い半導体が用いられる．

ショットキバリアダイオードの記号を図2.11に示す．ショットキバリアダイオードの特性を図2.9で近似した場合，オン電圧 V_{on} は約 0.4V となる．シリコンを用いた pn 接合ダイオードでは V_{on} が約 0.7〜0.8V であるのと比較して，ショットキバリアダイオードはオン電圧が低いことが特徴となっている．

2.4 MOSトランジスタ

2.4.1 MOSトランジスタの動作原理

p型半導体基板上に実現された典型的な MOSトランジスタの断面を図2.12 に示す．図2.12において，Sはソース端子，Gはゲート端子，Dはドレイン端子，Bはサブストレート端子またはバルク端子と呼ばれている．これらを単にソース，ゲート，ドレイン，サブストレート，バルクと呼ぶこともある．一般にソースとドレインの間に構造的な差は無く，図2.12のMOSトランジスタの場合，電位の高いほうがドレイン，電位の低いほうがソースとなる．MOSトランジスタのゲート部分は，ゲート端子となる金属 (Metal) とその下の絶縁物で

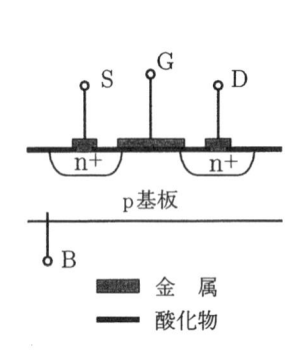

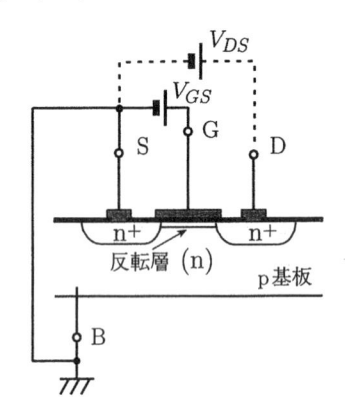

図 2.12　MOSトランジスタの構造（断面図）　　図 2.13　反転層の形成

ある酸化物 (Oxide)，さらに下には半導体 (Semiconductor) という構造になっている．この金属 (M)，酸化物 (O)，半導体 (S) の3層構造を **MOS 構造**と呼ぶ．また，図中の記号 n$^+$ は n 型半導体の不純物濃度が高いことを表している．同様に p$^+$ も p 型半導体の不純物濃度が高いことを表す．

ここでは，サブストレート端子をソース端子と短絡した場合のMOSトランジスタの動作について考えてみる．図2.13に示すように，まず，ゲート・ソース間に正の電圧 V_{GS} を加える．V_{GS} が印加されてもゲート・ソース間には絶縁体があるため，ゲート端子には電流は流れない．しかし，この正の電圧によってゲートの下の半導体表面付近の多数キャリアであるホールが斥けられ，逆に表面付近には自由電子が集まる．十分な大きさの V_{GS} が与えられると，自由電子の数がホールの数に優り，p 型半導体の表面が n 型半導体に変化する．これを**反転層**と呼ぶ．

次に，反転層が形成されている状態で，ドレイン・ソース間に正の電圧 V_{DS} を加える．基板とソースの間には，pn 接合によって生じた固有電位障壁があるため，基板とソースは電気的に分離されている．また，V_{DS} が加えられているため，ドレインの電位はソースの電位よりも高くなるので，ソースだけでなく，ドレインや反転層も基板から電気的に分離される．さらに，ドレインとソー

ス間の電圧 V_{DS} により電流がドレインから反転層を通り，ソースへと流れる．反転層はドレインからソースへと電流が流れる経路であることから，ドレインとソースの間の領域を**チャネル**と呼んでいる．さらに，ドレインとソースとの間の長さを**チャネル長**と呼び，チャネルの幅方向の長さを**チャネル幅**と呼んでいる．

以上述べたように，MOS トランジスタでは，ゲート端子からソース端子やドレイン端子へ電流は流れず，また，サブストレート端子にも電流が流れないように，サブストレート端子とソース端子の間の電圧が零または逆方向バイアスとなるようにして使用する．このため，ドレイン電流とソース電流が常に等しい．したがって，ドレイン電流が各端子間に加わる電圧によってどのように変化するかということが MOS トランジスタの特性で最も重要となる．

2.4.2 MOSトランジスタの構造

図 2.12 のトランジスタはチャネルが n 型半導体であるため，n チャネル MOS トランジスタと呼ばれる．一方，チャネルが p 型半導体の場合を p チャネル MOS トランジスタと呼ぶ．p チャネル MOS トランジスタを実現するためには，p 型半導体と n 型半導体を入れ換え，電気的な極性を反転させれば良い．そこで，同じ p 型半導体基板上に n チャネル MOS トランジスタと p チャネル MOS トランジスタを実現するために，図 2.14 に示すように，基板上に **n ウェル**と呼ばれる n 型半導体の領域を設け，さらにその中に，ドレインやソースとなる p 型半導体の領域を設ける．n ウェルの電位を基板よりも十分高い電位に保つことにより，n ウェルは基板から電気的に分離される．この結果，ウェル

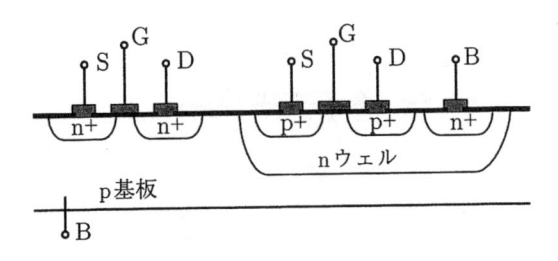

図 **2.14** p チャネル MOS トランジスタの構造

内のpチャネルMOSトランジスタも1個の素子として他から電気的に分離される．ウェルは，nチャネルMOSトランジスタの場合の基板に相当するので，ウェルに付加された端子もサブストレート端子またはバルク端子と呼んでいる．

図2.14の全てのp型半導体とn型半導体を入れ換えることによってもpチャネルMOSトランジスタとnチャネルMOSトランジスタを同一基板上に実現することができる．この場合，ウェルはp型半導体となるので**pウェル**と呼ばれる．

[問2.4] pチャネルMOSトランジスタではソースとドレインのどちらの電位が高いか．

2.4.3 MOSトランジスタの種類

図2.12のnチャネルMOSトランジスタの場合，チャネルが形成されるためには十分な大きさの正のV_{GS}が必要であり，V_{GS}が

$$V_{GS} > V_T \tag{2.2}$$

を満足すると，チャネルが形成される．このV_Tを**しきい電圧**と呼ぶ．nチャネルMOSトランジスタでは，V_Tが正のトランジスタを**エンハンスメント型**と呼ぶ．

図2.15に示すように，あらかじめ，ドレインとソース間に薄いn型半導体を形成しておくことにより，しきい電圧V_Tが負のnチャネルトランジスタを実現することもできる．V_Tが負のMOSトランジスタを**ディプリーション型**と呼ぶ．

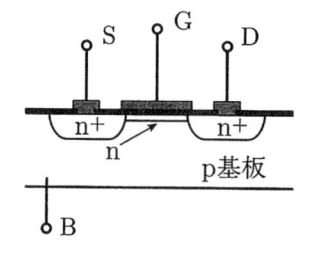

図2.15 ディプリーションMOSトランジスタの構造

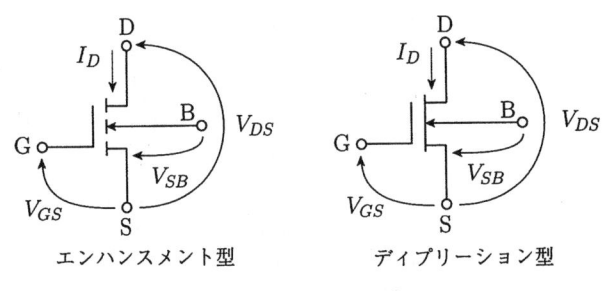

2.4 MOSトランジスタ

エンハンスメント型   ディプリーション型
nチャネルMOSトランジスタ

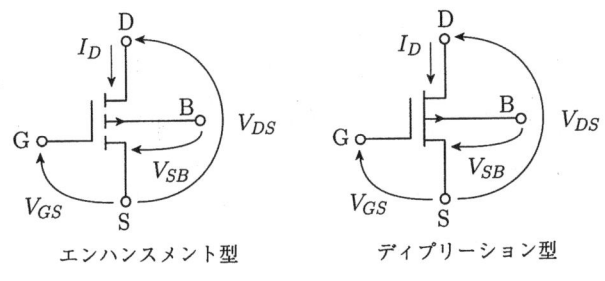

エンハンスメント型   ディプリーション型
pチャネルMOSトランジスタ

図 2.16 MOSトランジスタの記号 (JIS 記号)

図 2.16 に，エンハンスメント型並びにディプリーション型の n チャネル並びに p チャネル MOS トランジスタの記号をそれぞれ示す．図 2.16 の記号は，日本工業規格による JIS 記号である．

MOS トランジスタの記号として，JIS 記号以外にも，多数の記号が使われている．n チャネル MOS トランジスタの代表的な記号を図 2.17 に示す．図 2.17(a) は，ドレインとソースは電位が異なるだけで，構造的には差が無いことから，ドレインとソースを区別せずに表している．また，同図 (b) は，一般にはサブストレート端子が電位の最も低い端子に接続されるので，サブストレート端子の接続を明示する必要が無い場合に用いられる．矢印はドレイン電流の流れる向きを表している．同図 (c) や (d) は，同図 (b) をより簡略化した記号である．また，同図 (e) は n チャネルディプリーション型 MOS トランジスタ

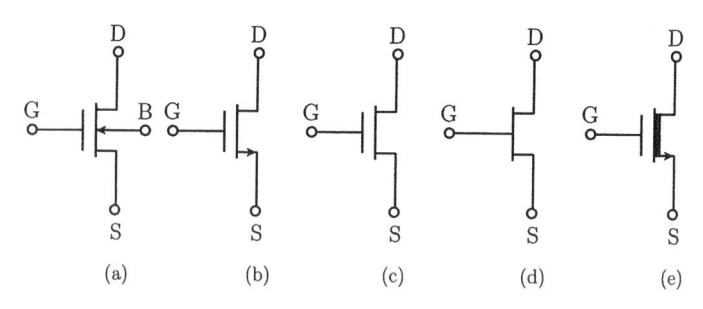

図 2.17 JIS 記号以外の n チャネル MOS トランジスタの記号

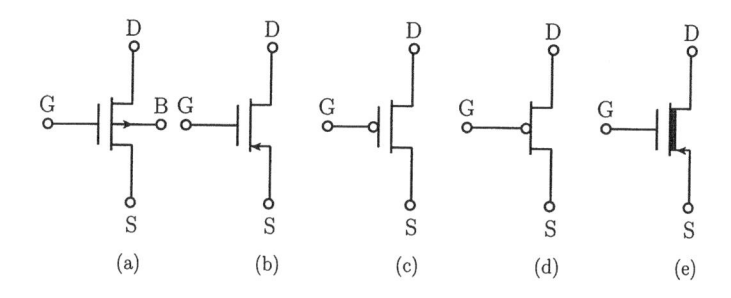

図 2.18 JIS 記号以外の p チャネル MOS トランジスタの記号

の記号である．図 2.18 に，p チャネル MOS トランジスタの記号を示す．同図 (a) や (b) はそれぞれ，図 2.17(a) や (b) の矢印の向きを逆にすることにより，p チャネル MOS トランジスタであることを表している．また，同図 (c) や (d) では，ゲートに "○" を付加することにより，p チャネル MOS トランジスタであることを表している．同図 (e) は p チャネルディプリーション型 MOS トランジスタの記号である．

本書では，MOS トランジスタの記号として，ドレイン，ゲート，ソース，サブストレートの全ての端子の区別が明確である JIS 記号を用いることにする．

[問 2.5] エンハンスメント型 p チャネル MOS トランジスタのしきい電圧は正か負か答えよ．

2.4.4 MOS トランジスタの電圧・電流特性

以下では，n チャネル MOS トランジスタの場合を例に取り，トランジスタ

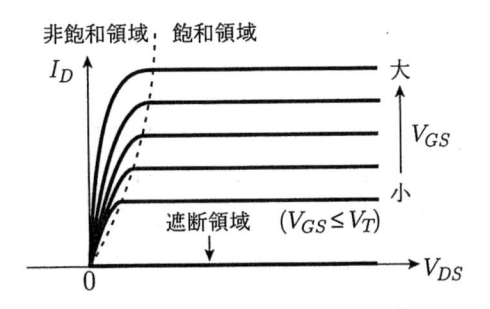

図 2.19 MOSトランジスタの電圧・電流特性

の電圧・電流特性について説明する．pチャネルMOSトランジスタの特性は，nチャネルMOSトランジスタの電圧と電流の極性を反転させるだけであるので省略する．

　nチャネルMOSトランジスタでは，V_{DS}の増加とともに，ドレイン電流I_Dも増加する．しかし，V_{DS}の増加によって，ドレイン付近の電位が上がり，相対的にゲート電位が低くなる．このため，ドレイン付近の反転層が薄くなるのでV_{DS}を増加させても，ドレイン電流はあまり増加せず，やがて一定値になる．一定となったときの電流の値はゲート・ソース間電圧V_{GS}によって定まる．この様子を図2.19に示す．図2.19において，V_{DS}が増加してもI_Dが一定である領域を飽和領域と呼び，V_{DS}の増加とともにI_Dも増加する領域を非飽和領域と呼ぶ．また，V_{GS}がV_Tよりも小さく，ドレイン電流が流れない領域を遮断領域と呼ぶ．

(1)　非飽和領域におけるドレイン電流

　非飽和領域とは，ゲート・ソース間電圧V_{GS}とドレイン・ソース間電圧V_{DS}との間に

$$V_{GS} - V_T > V_{DS} \geq 0 \tag{2.3}$$

という関係が成り立つ領域である．この領域では，ドレイン電流I_Dが

$$I_D = 2K\left(V_{GS} - V_T - \frac{V_{DS}}{2}\right)V_{DS} \tag{2.4}$$

という式で表されることが知られている．ここでKをトランスコンダクタン

スパラメータと呼び，K は

$$K = K_0 \frac{W}{L} \tag{2.5}$$

と表される．ただし，W はチャネル幅であり，L はチャネル長である．また，K_0 は単位トランスコンダクタンスパラメータと呼ばれ，集積回路の製造工程から決まる定数である†．

(2) 飽和領域におけるドレイン電流

飽和領域とは，ゲート・ソース間電圧 V_{GS} とドレイン・ソース間電圧 V_{DS} との間に

$$V_{DS} \geq V_{GS} - V_T > 0 \tag{2.6}$$

という関係が成り立つ領域である．この領域では，ドレイン電流 I_D は

$$I_D = K(V_{GS} - V_T)^2 \tag{2.7}$$

と表される．式 (2.7) の K は式 (2.4) で用いられているトランスコンダクタンスパラメータ K と同じである．式 (2.7) は **2 乗則**と呼ばれ，MOS トランジスタの特性を表す重要な式である．

[問 2.6]　$K_0 = 20\mu\text{S/V}$，$W = 20\mu\text{m}$，$L = 2\mu\text{m}$，$V_{DS} = 0.5\text{V}$，$V_{GS} = 1.5\text{V}$，$V_T = 0.8\text{V}$ のとき，ドレイン電流を求めよ．また，V_{DS} が 1.0V の場合，ドレイン電流はどうなるか．

2.5　バイポーラトランジスタ

2.5.1　バイポーラトランジスタの構造

バイポーラトランジスタは，図 2.20 に模式的に示すように，p 型半導体と n 型半導体によるサンドイッチ構造を持つ 3 端子素子である．p 型半導体が n 型半導体に挟まれたバイポーラトランジスタと n 型半導体が p 型半導体に挟まれたバイポーラトランジスタの 2 種類がある．それぞれは，**npn** バイポーラト

---

† 　K_0 は $K_0 = \frac{\mu C_{OX}}{2}$ であり，μ はキャリアの実効移動度，C_{OX} はゲートの単位面積当たりの容量である．

2.5 バイポーラトランジスタ

(a) npnトランジスタ (b) pnpトランジスタ

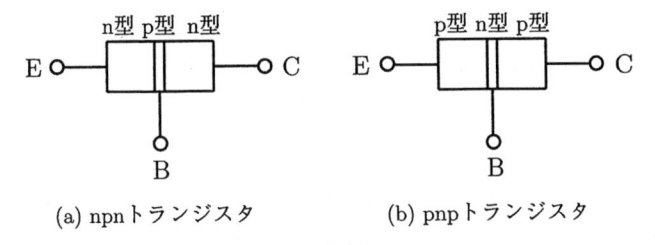

図 2.20 バイポーラトランジスタの模式図

ランジスタ，pnp バイポーラトランジスタと呼ばれている．単に，npn トランジスタ，pnp トランジスタと呼ぶことが多い．いずれのトランジスタの場合も，中心の半導体をベース，その両側をそれぞれエミッタ，コレクタと呼んでいる．図 2.20 からでは，エミッタとコレクタとの区別が明らかではないが，実際は，エミッタを構成する半導体の不純物濃度がコレクタを構成する半導体のそれよりも高い．また，ベース領域は，コレクタやエミッタと比べて，非常に薄い．これら不純物濃度の違いやベース領域の薄さがバイポーラトランジスタの特性を決定する大きな要因である．

集積回路上に実現された，典型的な npn トランジスタの構造を図 2.21 に示す．ベース領域は，上側と下側からエミッタとコレクタで挟まれ，その層は非常に薄くなっている．また，コレクタ領域は不純物濃度が低いためキャリアが少ない．このため，コレクタ領域の抵抗値が高くなる．このことは等価的にコ

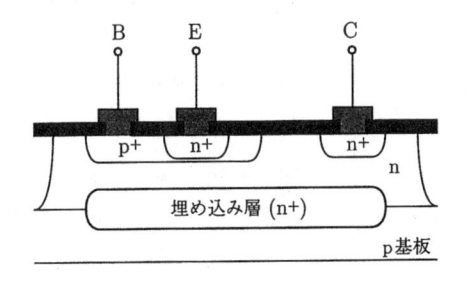

図 2.21 npn トランジスタの構造

レクタ端子に抵抗を付加することで表すことができる．図2.21では，コレクタ端子に付随する寄生抵抗の値を下げるために**埋め込み層**と呼ばれる不純物濃度の高いn型半導体を設けている．

2.5.2 バイポーラトランジスタの動作領域

図2.22に，バイポーラトランジスタの記号を示す．V_{BE}はベース・エミッタ間電圧，V_{BC}はベース・コレクタ間電圧と呼ばれている．また，I_C, I_B, I_E はそれぞれ**コレクタ電流，ベース電流，エミッタ電流**と呼ばれている．以下では，図2.22の矢印の示す向きを端子間の電圧や端子に流れる電流の正方向と定める．

(a) npnトランジスタ   (b) pnpトランジスタ

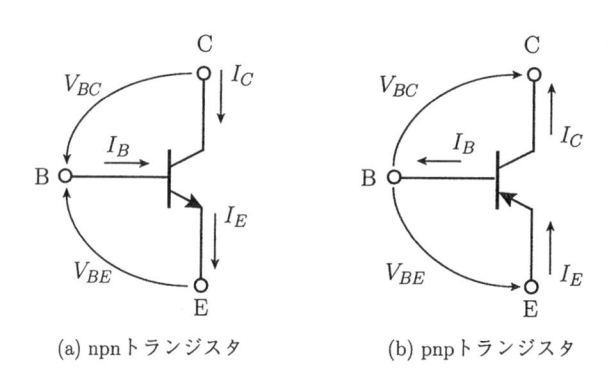

図 **2.22** バイポーラトランジスタの記号

図2.22に示すように電圧の正方向を定めるとnpnトランジスタ，pnpトランジスタともに動作領域が

- 遮断領域 ・・・ $V_{BE} < 0$, $V_{BC} < 0$
- 能動活性領域 ・・・ $V_{BE} > 0$, $V_{BC} < 0$
- 飽和領域 ・・・ $V_{BE} > 0$, $V_{BC} > 0$
- 逆方向能動活性領域 ・・・ $V_{BE} < 0$, $V_{BC} > 0$

の4領域に分けられる．以下では，トランジスタの動作の概略をnpnトランジスタの場合について説明する．pnpトランジスタの場合は電圧と電流の極性が反転し，自由電子とホールが置き換わるだけであるので省略する．

遮断領域は，ベース・エミッタ間及びコレクタ・ベース間の各 pn 接合が逆方向バイアスされている領域である．このため，エミッタ電流，コレクタ電流，ベース電流のいずれも殆ど零である．

能動活性領域は，ベース・エミッタ間の pn 接合が順方向バイアス，コレクタ・ベース間の pn 接合が逆方向バイアスされている領域である．npn トランジスタの場合，エミッタ領域中の多数キャリアである自由電子が，ベース・エミッタ間電圧によって移動し，やがてベースに到達する．ベース領域内において，ベース・エミッタ間接合付近とベース・コレクタ間接合付近では自由電子の濃度が異なるため拡散し，自由電子がベース・コレクタ間の空乏層へと移動する．自由電子の一部はベース領域での多数キャリアであるホールと再結合し，ベース・エミッタ間電圧によりベースからエミッタへと移動するホールによる電流と共にベース電流となる．しかし，エミッタからベースへと注入された殆どの自由電子は，ベース領域の不純物濃度がエミッタのそれよりも低く，またベース領域の幅が極めて薄いため，ホールとは再結合せず，ベース・コレクタ間の空乏層に到達する．空乏層には固有電位障壁があり，多数キャリアであるホールの移動を妨げるが，ベース中にある自由電子は，逆に固有電位障壁によりコレクタへと引きつけられる．この結果，エミッタから注入された自由電子は，その数がほとんど減少することなくコレクタに到達する．この領域で動作するトランジスタは主に増幅回路を構成する際に用いられる．

飽和領域は，ベース・エミッタ間とコレクタ・ベース間の pn 接合が共に順方向バイアスされている領域である．能動活性領域では，エミッタだけから多数キャリアがベースへと注入されていたが，飽和領域ではコレクタからも多数キャリアがベースへ注入される．このため，npn トランジスタの場合には，ベースに過剰の自由電子が蓄積した状態となる．飽和領域において，ベースに蓄積されたキャリアのことを**蓄積キャリア**と呼ぶ．バイポーラトランジスタを用いて構成した論理回路では，主にバイポーラトランジスタを遮断領域と飽和領域との間で切り替えて用いる．飽和領域から遮断領域に切り替わるためには，ベース領域中の蓄積キャリアを放出しなければならない．蓄積キャリアを放出する

42   2 半導体とトランジスタ

ための時間を**蓄積時間**と呼ぶ．この蓄積時間が，バイポーラトランジスタ論理回路の応答速度を制限する最大の要因となっている．

逆方向能動活性領域は，ベース・エミッタ間の pn 接合が逆方向バイアス，ベース・コレクタ間の pn 接合が順方向バイアスされている領域である．すなわち，能動活性領域で動作するトランジスタのエミッタとコレクタの役割が入れ替わった状態である．一般に，逆方向バイアスされたベース・コレクタ間の耐圧を高めるため，コレクタの不純物濃度はベースのそれよりも低い．このため，npn トランジスタでは，ベース・コレクタ間電圧によってベースからコレクタへと移動するホールによる電流や再結合による電流が増大し，コレクタからベースを通り，エミッタへと移動する自由電子の数が相対的に減少する．このように，能動活性領域で動作するトランジスタの場合と比べて，コレクタからエミッタへ到達する自由電子の数は少なくなる．

2.5.3　バイポーラトランジスタの等価回路

図 2.20 をベース領域の中心で切り離せば，バイポーラトランジスタは，2 個の pn 接合ダイオードの n 型半導体どうしまたは p 型半導体どうしが向かい合った形で接続された構造と考えることができる．このことから，バイポーラトランジスタの等価回路として，2 個の pn 接合ダイオードによる表現が考えられる．しかし，バイポーラトランジスタを 2 個のダイオードで置き換えただけでは，エミッタからコレクタあるいはコレクタからエミッタに電流が流れる能動活性領域や逆方向能動活性領域でのバイポーラトランジスタの特性を表す

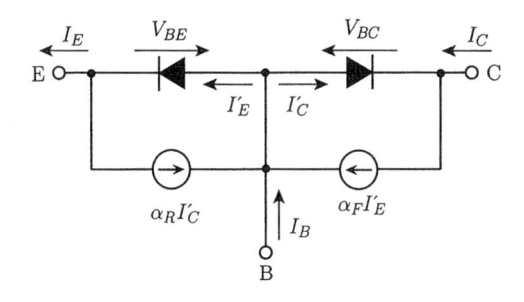

図 2.23　Ebers-Moll モデル

ことができない．この問題を解決するために，2個の電流制御電流源を付加する．2個のダイオードに，電流制御電流源を付加したバイポーラトランジスタの等価回路を図2.23に示す．このバイポーラトランジスタの等価回路はEbersとMollによって提案されたので，**Ebers-Moll**モデルと呼ばれ，バイポーラトランジスタの動作を表す基本的な等価回路である．ここでは，このモデルを用いて各動作領域のトランジスタの状態を解析し，それぞれの動作領域におけるバイポーラトランジスタの動作を直感的に理解できる等価回路を求める．

2個のダイオードの電圧・電流特性は，いずれも，式(2.1)に従うものとする．図2.23から I_C 及び I_E は

$$I_C = \alpha_F I'_E - I'_C$$
$$= \alpha_F I_{ES}(e^{\frac{q}{kT}V_{BE}} - 1) - I_{CS}(e^{\frac{q}{kT}V_{BC}} - 1) \quad (2.8)$$
$$I_E = I'_E - \alpha_R I'_C$$
$$= I_{ES}(e^{\frac{q}{kT}V_{BE}} - 1) - \alpha_R I_{CS}(e^{\frac{q}{kT}V_{BC}} - 1) \quad (2.9)$$

となる．ただし，α_F と α_R はそれぞれ順方向電流増幅率，逆方向電流増幅率と呼ばれる定数であり，I_{ES} と I_{CS} はそれぞれベース・エミッタ間ダイオードの逆方向飽和電流とベース・コレクタ間ダイオードの逆方向飽和電流である．一般に，α_F は約 0.99～0.995 の値を取り，α_R は 0.5～0.8 程度の値である．

式(2.8)と式(2.9)は **Ebers-Moll** の方程式と呼ばれている．以下では，これらの式を基本として，それぞれの領域でのトランジスタの電圧と電流の関係について解析を行う．

(1) 遮断領域での特性

遮断領域では，$V_{BE} < 0, V_{BC} < 0$ であることから，$e^{\frac{q}{kT}V_{BE}} \ll 1, e^{\frac{q}{kT}V_{BC}} \ll 1$ と近似する[†]．この近似から

$$I_C = -\alpha_F I_{ES} + I_{CS} \quad (2.10)$$

[†] V_{BE} や V_{BC} が 0V 付近においてこれらの近似を行うと，実用的に許容できない誤差が生じることがあるので注意が必要である．一般に V_{BE} と V_{BC} の絶対値がそれぞれ後述するベース・エミッタ間オン電圧程度以上，ベース・コレクタ間オン電圧程度以上であれば問題は無い．また，他の領域でも同様の注意が必要である．

```
    E o─────    ─────o C
              │
              o
              B
```

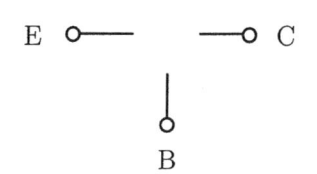

図 2.24　遮断領域での npn トランジスタの等価回路

$$I_E = -I_{ES} + \alpha_R I_{CS} \tag{2.11}$$

を得る．一般に

$$\alpha_F I_{ES} = \alpha_R I_{CS} \tag{2.12}$$

が成り立つことが知られており，また，α_F の値はほぼ 1 であるから

$$I_C = -\alpha_R I_{CS} + I_{CS} \simeq (1 - \alpha_F \alpha_R) I_{CS} \triangleq I_{C0} \tag{2.13}$$

$$I_E = -I_{ES} + \alpha_F I_{ES} \simeq 0 \tag{2.14}$$

と近似することができる．さらに，コレクタ電流とベース電流の和がエミッタ電流となることからベース電流 I_B は

$$I_B = I_E - I_C = -I_{C0} \tag{2.15}$$

となる．式 (2.13)〜(2.15) からわかるように，I_{C0} はエミッタ電流がほぼ零のときに，コレクタからベースへと流れる電流であり，**コレクタ逆方向漏れ電流**と呼ばれ，一般に非常に小さな値である．

これらの式から明らかなように I_C，I_E，I_B はほぼ零であることから，この領域でのトランジスタの等価回路は図 2.24 となる．

(2) 能動活性領域での特性

能動活性領域では，$V_{BE} > 0$ であることから $e^{\frac{q}{kT}V_{BE}} \gg 1$ と近似し，一方，$V_{BC} < 0$ であることから $e^{\frac{q}{kT}V_{BC}} \ll 1$ と近似する．これらの近似から

$$I_C = \alpha_F I_{ES} e^{\frac{q}{kT}V_{BE}} + I_{CS} \tag{2.16}$$

$$I_E = I_{ES} e^{\frac{q}{kT}V_{BE}} + \alpha_R I_{CS} \tag{2.17}$$

を得る．式 (2.17) を式 (2.16) に代入すると

$$I_C = \alpha_F I_E + I_{C0} \tag{2.18}$$

また、式 (2.16) と (2.17) から I_{CS} を消去し、V_{BE} を求めると

$$V_{BE} = \frac{kT}{q} \ln \frac{I_E - \alpha_R I_C}{I_{E0}} \tag{2.19}$$

となる。ただし、I_{E0} は

$$I_{E0} = (1 - \alpha_F \alpha_R) I_{ES} \tag{2.20}$$

であり、コレクタ電流がほぼ零のときに、ベースからエミッタに流れる電流で、**エミッタ逆方向漏れ電流**と呼ばれている。

次に、$I_E = I_C + I_B$ を用いると式 (2.19) は

$$V_{BE} = \frac{kT}{q} \ln \frac{I_B + (1 - \alpha_R) I_C}{I_{E0}} \tag{2.21}$$

となる。I_{E0} は、I_{C0} と同様に、一般に非常に小さな値であるので

$$I_B + (1 - \alpha_R) I_C \gg I_{E0} \tag{2.22}$$

という関係が成り立つ。このため、実用的な範囲において、V_{BE} はほぼ一定と考えて良い。本書では、ベース・エミッタ間電圧が一定値と近似できる場合、これを**ベース・エミッタ間オン電圧**と呼び、V_{BEon} と表記する。一般に V_{BEon} の値は 0.7〜0.8V 程度である。

式 (2.18) から明らかなように、能動活性領域ではコレクタ電流の値がエミッタ電流によって定まる。I_{C0} を零、ベース・エミッタ間電圧を一定値 V_{BEon} と近似した場合に、この領域における npn トランジスタの等価回路を図 2.25 に

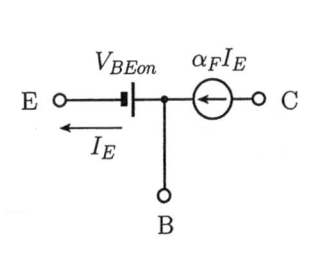

図 2.25 能動活性領域での npn トランジスタの等価回路

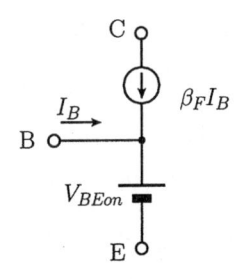

図 2.26 能動活性領域での npn トランジスタのエミッタ接地等価回路

示す．

式 (2.18) は

$$I_C = \beta_F I_B + \frac{1}{1-\alpha_F} I_{C0} \tag{2.23}$$

と書き改めることもできる．ただし，式 (2.23) において β_F は

$$\beta_F = \frac{\alpha_F}{1-\alpha_F} \tag{2.24}$$

であり，エミッタ接地順方向電流増幅率と呼ばれている．式 (2.23) から図 2.25 とは異なる能動活性領域で動作するトランジスタの等価回路を導くことができる．式 (2.23) において I_{C0} を零と近似した場合に得られる，能動活性領域における npn トランジスタの等価回路を図 2.26 に示す．この図はエミッタを接地した場合のベース電流とコレクタ電流との関係を表しているので，**エミッタ接地等価回路**と呼ばれている．一方，図 2.25 は，ベースを接地した場合のエミッタ電流とコレクタ電流との関係を表しているので，**ベース接地等価回路**と呼ばれる．

[問 2.7] α_F=0.99 のとき，β_F はいくらか．

(3) 飽和領域での特性

飽和領域では，$V_{BE}>0$, $V_{BC}>0$ より，$e^{\frac{q}{kT}V_{BE}} \gg 1$, $e^{\frac{q}{kT}V_{BC}} \gg 1$ と近似する．この近似から

$$I_C = \alpha_F I_{ES} e^{\frac{q}{kT}V_{BE}} - I_{CS} e^{\frac{q}{kT}V_{BC}} \tag{2.25}$$

$$I_E = I_{ES} e^{\frac{q}{kT}V_{BE}} - \alpha_R I_{CS} e^{\frac{q}{kT}V_{BC}} \tag{2.26}$$

を得る．これらの式から $I_{CS}e^{\frac{q}{kT}V_{BC}}$ を消去し，V_{BE} を求めると

$$V_{BE} = \frac{kT}{q} \ln \frac{I_E - \alpha_R I_C}{I_{E0}} \tag{2.27}$$

となり，能動活性領域の場合と全く同じとなる．

今度は，$I_{ES}e^{\frac{q}{kT}V_{BE}}$ を消去し，V_{BC} を求めると

$$V_{BC} = \frac{kT}{q} \ln \frac{\alpha_F I_E - I_C}{I_{C0}} \tag{2.28}$$

となる．さらに，$I_E = I_C + I_B$ より

$$V_{BC} = \frac{kT}{q} \ln \frac{I_B - (1-\alpha_F)I_E}{I_{C0}} \tag{2.29}$$

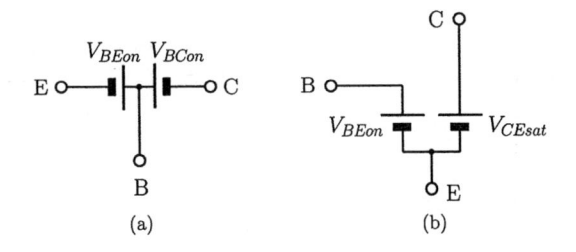

図 2.27 飽和領域での npn トランジスタの等価回路

と書き改めることができる．一般に飽和領域では，能動活性領域と比較してベース電流が大きいので

$$I_B - (1-\alpha_F)I_E \gg I_{C0} \tag{2.30}$$

が成り立ち，実用的な範囲において V_{BC} もほぼ一定と考えられる．本書では，ベース・エミッタ間電圧と同様に，ベース・コレクタ間電圧が一定値と近似できる場合，これをベース・コレクタ間オン電圧と呼び，V_{BCon} と表記する．一般に V_{BCon} の値は 0.6V 程度である．

以上の結果から，ベース・エミッタ間もベース・コレクタ間もほぼ一定電圧であると仮定できるため，図 2.27(a) の等価回路が得られる．また，図 2.27(b) はベース・コレクタ間の直流電圧源をコレクタ・エミッタ間の直流電圧源に置き換えた等価回路である．コレクタ・エミッタ間の直流電圧源 V_{CEsat} は

$$V_{CEsat} = V_{BEon} - V_{CEon} \tag{2.31}$$

であり，コレクタ・エミッタ間飽和電圧と呼ばれている．コレクタ・エミッタ間飽和電圧 V_{CEsat} はバイポーラトランジスタを用いた論理回路において重要なパラメータである．

(4) 逆方向能動活性領域での特性

逆方向能動活性領域では，$V_{BE} < 0$ より，$e^{\frac{q}{kT}V_{BE}} \ll 1$ と，また，$V_{BC} > 0$ より $e^{\frac{q}{kT}V_{BC}} \gg 1$ と近似する．これらの近似から

$$I_C = -\alpha_F I_{ES} - I_{CS}e^{\frac{q}{kT}V_{BC}} \tag{2.32}$$

$$I_E = -I_{ES} - \alpha_R I_{CS}e^{\frac{q}{kT}V_{BC}} \tag{2.33}$$

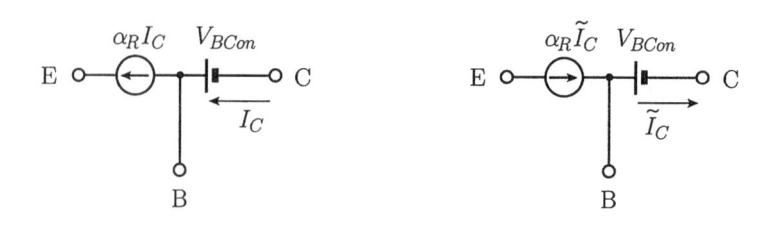

図 2.28 逆方向能動活性領域での npn トランジスタの等価回路 (1)

図 2.29 逆方向能動活性領域での npn トランジスタの等価回路 (2)

を得る．これらより

$$I_E = \alpha_R I_C - I_{E0} \tag{2.34}$$

となる．ただし，I_{E0} は式 (2.20) に示されるエミッタ逆方向漏れ電流である．また，$I_E = I_C + I_B$ であるから式 (2.34) を

$$I_E = -\beta_R I_B - \frac{1}{1-\alpha_R} I_{E0} \tag{2.35}$$

と書くこともできる．ただし，

$$\beta_R = \frac{\alpha_R}{1-\alpha_R} \tag{2.36}$$

であり，β_R はコレクタを接地した場合の逆方向電流増幅率である．

逆方向能動活性領域では，能動活性領域でのコレクタとエミッタの役割が入れ替わっている．したがって，トランジスタの等価回路は図 2.28 となる．

図 2.28 では，コレクタ電流の正方向をトランジスタの外部からコレクタへ流入する向きとしているが，逆方向能動活性領域では，実際にはコレクタからトランジスタの外部へと電流が流れる．この電流を $\tilde{I}_C$ とすると

$$\tilde{I}_C = -I_C \tag{2.37}$$

という関係にある．この $\tilde{I}_C$ を用いた場合の逆方向活性領域でのトランジスタの等価回路を図 2.29 に示す．

[問 2.8] $\alpha_R = 0.8$ のとき，β_R はいくらか．

[問 2.9] 逆方向能動活性領域において，式 (2.28) が成り立つことを示せ．

演 習 問 題

(1) 図 2.30(a) において，入力として，図 2.30(b) に示す，v_{in} が与えられたとする．出力電圧 v_{out} を図示せよ．ただし，ダイオードの特性は図 2.8 とする．

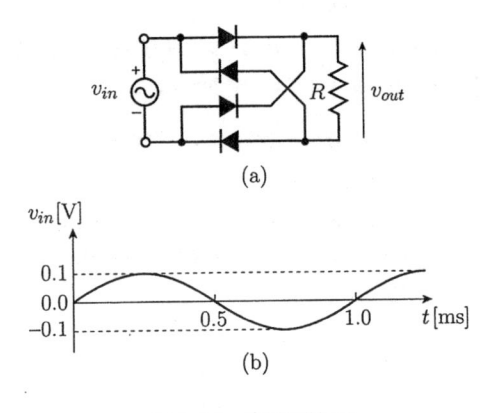

図 2.30 演習問題 (1)

(2) 図 2.31 の 3 種類の回路について以下の問に答えよ．ただし，V_{ref1} を 3.5V，V_{ref2} を 1.5V とする．

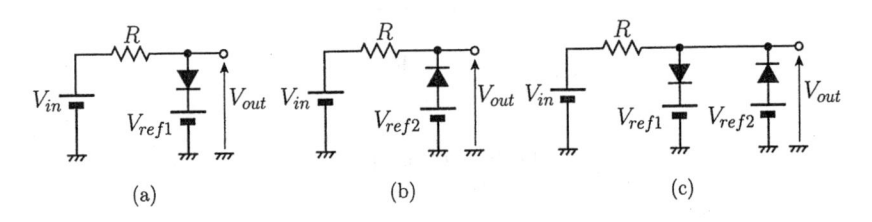

図 2.31 演習問題 (2)

(a) ダイオードの特性を図 2.8 とし，入力電圧 V_{in} が 0V から 5V まで変化するとき，3 種類の回路の出力電圧 V_{out} を図示せよ．

(b) ダイオードの特性を図 2.9 とし，入力電圧 V_{in} が 0V から 5V まで変化するとき，3 種類の回路の出力電圧 V_{out} を図示せよ．ただし，$V_{on} = 0.7$V とする．

(3) MOS トランジスタにおいて，飽和領域と非飽和領域の境，すなわち，$V_{DS} = V_{GS} - V_T$

において式 (2.4)と式 (2.7)で示されるドレイン電流 I_Dが一致することを示せ．また，$\frac{\partial I_D}{\partial V_{GS}}$ はどうなるか．

(4) 式(2.4)が $I_D = F(V_D, V_G) - F(V_S, V_G)$ と等しいことを示せ．ただし，関数 $F(V_X, V_G)$ は $F(V_X, V_G) = 2K(V_G - V_T - \frac{V_X}{2})V_X$ であり，V_D や V_G, V_S はそれぞれ，ドレイン，ゲート，ソースの電位である．

(5) トランスコンダクタンスパラメータ K としきい電圧 V_T がともに等しい 2 個のトランジスタから成る図 2.32 について以下の問に答えよ．

 (a) トランジスタ M_1 が飽和領域で動作していると仮定するとトランジスタ M_2 は常に非飽和領域で動作することを示せ．

 (b) トランジスタ M_1 が飽和領域で動作しているとき，図 2.32 の回路は，トランスコンダクタンスパラメータが M_1 や M_2 のそれの $\frac{1}{2}$ 倍で飽和領域で動作する 1 個のトランジスタと等価であることを示せ．

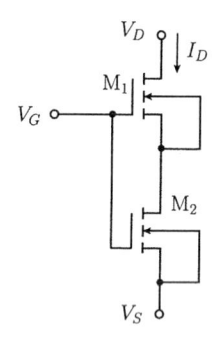

図 2.32 演習問題 (5)

(6) pn 接合が逆方向バイアスされている場合，空乏層を挟んで半導体と半導体が向かいあった形になるため容量として振る舞う．これを**接合容量**と呼ぶ．接合容量の値 C_J は

$$C_J = \frac{C_0}{\sqrt[m]{1 + \frac{V_{rev}}{\phi}}} S \tag{2.38}$$

となることが知られている．ただし，V_{rev}は逆方向バイアス電圧，ϕは固有電位障壁，S は半導体が向かいあい，重なりあっている部分の面積，m は半導体製造工程から決まる定数である．また，C_0 は $V_{rev}=0$V のときの単位面積当たりの容量である．$C_0=1\text{fF}/\mu\text{m}^2$, $m=2$, $\phi=0.65$V として，図 2.12 の MOS トランジスタの端子間に付随する接合容

量の値を求めよ．ただし，図 2.12 を上から見た場合の模式図を図 2.33 とし，サブストレート端子は接地され，ゲート・ソース間並びにドレイン・ソース間には電圧が加えられているものとする．また，ソースの電位 V_S は 1.0V であり，V_{DS}=3.0V, V_{GS}=2.0V, W=8μm, $L = L_S = L_D$ =2μm である．

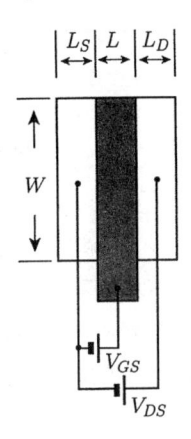

図 2.33 演習問題 (6)

(7) 式 (2.19) において，α_R=0.8, I_B=1μA, I_C=100 μA とし，また絶対温度 T が 300K のとき，V_{BE} が 0.70V であった．

 (a) I_{E0} を求めよ．

 (b) I_B と I_C が共に 10 倍になったとすると，V_{BE} はいくらになるか．

 (c) I_B と I_C が共に 0.1 倍になったとすると，V_{BE} はいくらになるか．

(8) 以下の問に答えよ．ただし，I_{ES} =1fA, $\alpha_F = 0.98$, $\alpha_R = 0.5$ とする．また，絶対温度 T を 300K とする．

 (a) I_{E0}, I_{CS}, I_{C0} を求めよ．

 (b) $I_C = 0.32$mA, $I_E = 0.35$mA のとき，式 (2.19) と式 (2.28) を用いて V_{BE}, V_{BC} を求めよ．

 (c) (b) で求めた V_{BE} 並びに V_{BC} を用いて式 (2.8) 並びに式 (2.9) から I_C と I_E を求めよ．

3

論理回路の基礎

集積回路には，回路の入出力として連続的な値をとるアナログ信号を対象とするアナログ集積回路と，電圧レベルの高低や電流の有無といった二つの状態により表現される信号を対象とするディジタル集積回路がある．本章では，次章以降で述べるディジタル集積回路の機能を理解するために必要な論理演算やブール代数の基礎について述べる．

3.1 論理演算と論理回路

3.1.1 情報の2進符号表現

良く知られているように，コンピュータの内部では数値を2進符号で表現して計算処理を行っている．2進数は "1101" のように，各桁が0か1のいずれかの値をとり，桁数分の個数の "0" と "1" の組合せにより一つの数値を表現している．簡単のため正の整数を考え，b_k ($k = 0, \ldots, n-1$) が0か1のいずれかの値をとるとすると，n 桁の2進数 "$b_{n-1}b_{n-2}\cdots b_0$" は

$$N = b_{n-1} \times 2^{n-1} + b_{n-2} \times 2^{n-2} + \cdots + b_0 \times 2^0 \tag{3.1}$$

で表される10進数の数値 N に相当する．たとえば，2進数 "1101" は

$$1 \times 2^3 + 1 \times 2^2 + 0 \times 2^1 + 1 \times 2^0 = 13 \tag{3.2}$$

であるから10進数の13に相当する．

数値の2進符号表現と同様，我々の身の回りの物理的事象についても，2進

3.1 論理演算と論理回路

表 3.1 ASCII コードの例

文字	ASCII	文字	ASCII	文字	ASCII
0	0110000	A	1000001	a	1100001
1	0110001	B	1000010	b	1100010
⋮	⋮	⋮	⋮	⋮	⋮
9	0111001	Z	1011010	z	1111010

符号により情報を表現することができる．たとえば，"晴れ"，"曇り"，"雨"，"雪"の4種類の天気を2進符号で表現したいとする．この場合には，2桁の"0"と"1"の組合せを用いて，それぞれの天気を"00"，"01"，"10"，"11"と定義することにより，2進符号と対応付けることができる．

文字情報の2進符号表現の例として，アスキー（ASCII[†]）コードがある．アスキーコードはデータ通信やコンピュータ上で英数字や記号などの文字を扱う際の標準的な符号として広く用いられており，表 3.1 に示す7桁の2進符号が各英数文字に対応している．

このように，数値や物理的事象を2進符号により抽象的な情報として表現する場合，情報を構成する各桁の"0"か"1"という二者択一的な情報が情報量としての最小単位となる．この情報の単位をビット（bit[††]）と呼んでいる．n ビットすなわち n 桁の2進符号を用いた場合，n 個の"0"，"1"からなる値の組合せの数は 2^n 通りとなることから，2^n 種類の情報を表現することができる．

[問 3.1] 10進数の100を2進数で表せ．

3.1.2 論理変数と論理演算

n ビットの2進符号で表された情報は，各ビットを"0"か"1"いずれかの値をとる**論理変数**と呼ばれる一つの変数と対応させることにより，n 個の変数の値の組として表現することができる．たとえば3ビットの情報"101"

[†] American Standard Code for Information Interchange の略

[††] binary digit の略

は，3個の論理変数の組 (X_1, X_2, X_3) において，それぞれの論理変数の値が $X_1 = 1, X_2 = 0, X_3 = 1$ の場合に対応すると考えることができる．論理変数は "0" または "1" の2値しかとらないことから**2値変数**とも呼ばれる．

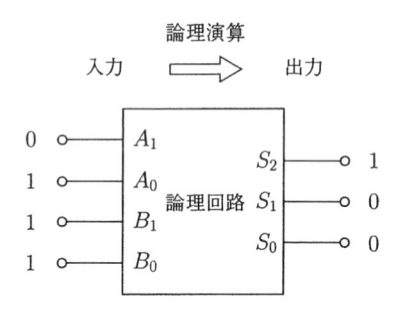

図3.1 2ビット2進数の加算を行う論理回路

図 3.1 は，2ビットの2進数 "A_1A_0" と "B_1B_0" を入力としてそれらの和を3ビットの2進数 "$S_2S_1S_0$" で出力する回路を表している．この回路の場合，入力は4個の論理変数の組 (A_1, A_0, B_1, B_0)，出力は3個の論理変数の組 (S_2, S_1, S_0) となっている．このように，論理変数の値の組を入力として，それを論理変数の値または値の組に変換して出力することを**論理演算**と呼ぶ．また，論理演算を実現する回路を**論理回路**または**ディジタル回路**と呼ぶ．

論理回路には，図3.1のようにその時刻における入力のみによって出力が決まる**組合せ回路**と，その時刻における入力だけでなく過去の入力にも関係して出力が決まる**順序回路**がある．

3.1.3 論理関数と真理値表

論理変数 $X_1, X_2, \ldots, X_n$ に対し，論理演算の結果が Y で表されるとする．このとき，論理変数の組 $(X_1, X_2, \ldots, X_n)$ と Y との対応（写像）関係 f を**論理関数**と呼び，$Y = f(X_1, X_2, \ldots, X_n)$ で表す．また，論理関数が表す入力と出力の対応関係の一覧表を**真理値表**と呼ぶ．

真理値表の例として，図3.1で示した2ビット2進数の加算回路の論理関数 $S_k = f_k(A_1, A_0, B_1, B_0)$ $(k = 0, 1, 2)$ の真理値表を表3.2に示す．

3.2 基本論理演算

表 3.2　図 3.1 の論理演算の真理値表

A_1	A_0	B_1	B_0	S_2	S_1	S_0
0	0	0	0	0	0	0
0	0	0	1	0	0	1
⋮	⋮	⋮	⋮	⋮	⋮	⋮
0	1	1	1	1	0	0
⋮	⋮	⋮	⋮	⋮	⋮	⋮
1	1	1	1	1	1	0

一般に，入力が n 変数の場合，入力の値の組合せは 2^n 通り存在することから，真理値表は 2^n 組の対応関係の一覧表となる．

[問 3.2]　表 3.2 で省略した部分を補い，真理値表を完成させよ．

3.2 基本論理演算

論理演算の基本は以下に示す否定，論理積，論理和の 3 種類であり，基本論理演算と呼ばれる．複雑な論理演算も基本論理演算の組合せで表現することができる．

3.2.1 否　　定

論理変数を A とするとき，A の否定を $\overline{A}$ で表し，表 3.3 に示す関係で定義する．否定は **NOT** とも呼ばれ，論理変数の値が "0" であるとき演算結果は "1" となり，一方 "1" のときには演算結果が "0" となる．

表 3.3　否定 (NOT) の真理値表

A	$\overline{A}$
0	1
1	0

表 3.4 論理積 (AND) の真理値表

A	B	AB
0	0	0
0	1	0
1	0	0
1	1	1

表 3.5 論理和 (OR) の真理値表

A	B	$A+B$
0	0	0
0	1	1
1	0	1
1	1	1

3.2.2 論 理 積

二つの論理変数 A, B に対し，**論理積**を表 3.4 に示す関係で定義し，AB で表す[†]．論理積は **AND** とも呼ばれ，二つの論理変数の値が同時に "1" の場合に限り演算結果が "1" となり，それ以外は "0" となる．

3.2.3 論 理 和

二つの論理変数 A, B に対し，**論理和**を表 3.5 に示す関係で定義し，$A+B$ で表す[†]．論理和は **OR** とも呼ばれ，二つの論理変数のいずれかまたは両方が "1" であるときに演算結果が "1" となり，両方とも "0" のときのみ演算結果が "0" となる．

3.2.4 論 理 式

一般に任意の論理関数は基本論理演算の組合せで表すことができ，論理変数と否定 "¯"，論理積 "·"，論理和 "+" などの論理演算記号を用いた論理関数の表現形式を**論理式**と呼ぶ．

論理式に複数の基本論理演算が混在して現れる場合，演算結果が一意に決まるよう，演算の優先順序が以下のように定められている．まず，AND と OR の 2 項演算が混在している場合には，AND 演算を OR 演算より優先して行う．ただし，括弧がついている場合には，括弧内の演算を優先して行う．また，単項演算である NOT は，他の 2 項演算に優先する．

この演算の優先順序に従うと，たとえば論理関数が

[†] $A \cdot B$ や $A \wedge B$ と表す場合もある．以下では，必要に応じて記号 "·" も用いることにする．

[†] $A \vee B$ と表す場合もある．

$$f(A,B,C) = A + B\overline{C} \tag{3.3}$$

と表されている場合，まず単項演算である C の NOT を求め，次にその結果と B の AND を求め，最後に A との OR を求める．一方，論理関数が

$$f(A,B,C) = \overline{(A+B)C} \tag{3.4}$$

と表される場合には，NOT が単項演算であることから，まず A と B の OR を求めた後 C との AND を求め，その結果の NOT を求めることを意味する．

[問 3.3] 式 (3.3) の論理関数に対応する真理値表を求めよ．同様に式 (3.4) についても真理値表を求めよ．

3.3 論理演算の性質

論理関数の集合は，ブール代数と呼ばれる抽象的な代数系の具体例と考えることができる．ここでは，ブール代数の定義を述べ，ブール代数の公理から導かれるいくつかの重要な定理を示す．

3.3.1 ブール代数

集合 L が与えられ，その任意の要素（元）A, B に対し，演算結果が L の要素となる 2 種類の 2 項演算 $A \cap B$, $A \cup B$ がそれぞれ定義されており，以下に示す公理が成り立つとする．

1) 交換則：
$$A \cap B = B \cap A, \quad A \cup B = B \cup A$$
2) 結合則：
$$(A \cap B) \cap C = A \cap (B \cap C), \quad (A \cup B) \cup C = A \cup (B \cup C)$$
3) 吸収則：
$$A \cap (A \cup B) = A, \quad A \cup (A \cap B) = A$$
4) 分配則：
$$A \cap (B \cup C) = (A \cap B) \cup (A \cap C),$$
$$A \cup (B \cap C) = (A \cup B) \cap (A \cup C)$$

5) 相補則：最小元 $\emptyset$ と最大元 I が存在し，任意の要素 A に対して
$$A \cap A' = \emptyset, \quad A \cup A' = I$$
となる補元 A' が存在する．

このとき，集合 L をブール代数と呼ぶ．

ここで，論理関数の集合を考え，ブール代数における演算 "∩" と "∪" をそれぞれ AND と OR に対応させ，さらに補元 A' を A の NOT をとった結果 $\overline{A}$ に対応させてみる．論理関数のとる値は "0" か "1" のいずれかであり，最小元は "0"，最大元は "1"，また

1) 交換則：
$$\begin{cases} AB = BA \\ A + B = B + A \end{cases} \tag{3.5}$$

2) 結合則：
$$\begin{cases} (AB)C = A(BC) \\ (A + B) + C = A + (B + C) \end{cases} \tag{3.6}$$

3) 吸収則：
$$\begin{cases} A(A + B) = A \\ A + AB = A \end{cases} \tag{3.7}$$

4) 分配則：
$$\begin{cases} A(B + C) = AB + AC \\ A + BC = (A + B)(A + C) \end{cases} \tag{3.8}$$

5) 相補則：
$$\begin{cases} A\overline{A} = 0 \\ A + \overline{A} = 1 \end{cases} \tag{3.9}$$

が成り立つ．したがって，任意の論理関数の集合はブール代数となっていることがわかる．

[問 3.4] 式 (3.7)，式 (3.8) が成り立つことを真理値表により確かめよ．

3.3.2 論理演算における基本定理

ブール代数の公理から，論理演算に関するいくつかの定理を導くことができる．まず，A, B, C を論理変数として $C = AB$ とおくと，吸収則を適用することにより

$$AA = A(A + AB) = A(A + C) = A \tag{3.10}$$

の関係が成り立つ．同様に，$C = A + B$ とおけば

$$A + A = A + A(A + B) = A + AC = A \tag{3.11}$$

が成り立つことから，結局以下の定理が得られる．

$$\begin{cases} AA = A \\ A + A = A \end{cases} \tag{3.12}$$

この定理を**べき等則**と呼ぶ．

また，吸収則と相補則より以下の定理が得られる．

$$\begin{cases} A \cdot 1 = A \\ A + 0 = A \end{cases} \tag{3.13}$$

$$\begin{cases} A \cdot 0 = 0 \\ A + 1 = 1 \end{cases} \tag{3.14}$$

さらに，NOT 演算に関して

$$\overline{(\overline{A})} = A \tag{3.15}$$

が成り立つ．

論理演算に関する重要な定理の一つとして，次式で表される**ド・モルガンの定理**が成り立つ．

$$\begin{cases} \overline{AB} = \overline{A} + \overline{B} \\ \overline{A + B} = \overline{A}\,\overline{B} \end{cases} \tag{3.16}$$

ド・モルガンの定理によれば，AND は NOT と OR の，また OR は NOT と AND の組合わせによりそれぞれ表現可能であることがわかる．

これまでに示したブール代数の公理や定理では，第 1 式において AND を

ORに，またORをANDにそれぞれ置き換え，さらに "0" 及び "1" の定数をそれぞれ "1" 及び "0" に置き換えることにより第2式が得られる．同様に，第2式のANDとOR及び定数を置き換えることにより第1式が得られる．この性質をブール代数の双対性と呼び，第1式及び第2式を互いに双対な式と呼ぶ．

[問 3.5] ド・モルガンの定理が成り立つことを真理値表を用いて示せ．

3.4 論理関数の標準形

任意の論理関数は，加法標準形及び乗法標準形と呼ばれる基本論理演算を用いた標準的な形式の論理式で表すことができる．さらに，標準形は真理値表から直ちに求めることができ，論理関数の表現形式として有用である．

3.4.1 展開定理

n 変数の論理関数 $Y = f(X_1, X_2, \ldots, X_n)$ を考える．ここで，一つの論理変数 X_1 に着目し，X_1 に関して $X_1 = 0$ のとき Y の値が Y_0 をとり，$X_1 = 1$ のとき Y_1 をとるとする．式 (3.13) 及び式 (3.9) より

$$Y = 1 \cdot Y = (X_1 + \overline{X_1})Y = X_1 Y + \overline{X_1} Y \tag{3.17}$$

であり，$X_1 = 1$ のとき式 (3.17) は

$$Y = Y_1 = 1 \cdot Y_1 + 0 \cdot Y_1 = X_1 Y_1 \tag{3.18}$$

となる．また，$X_1 = 0$ のとき式 (3.17) は

$$Y = Y_0 = 0 \cdot Y_0 + 1 \cdot Y_0 = \overline{X_1} Y_0 \tag{3.19}$$

と表せることから，結局式 (3.17) を

$$Y = X_1 Y_1 + \overline{X_1} Y_0 \tag{3.20}$$

と表すことができる．これと，$Y_0 = f(0, X_2, \ldots, X_n)$，$Y_1 = f(1, X_2, \ldots, X_n)$ の関係より，論理関数 f は X_1 に関して

$$\begin{aligned} f(X_1, X_2, \ldots, X_n) &= X_1 f(1, X_2, \ldots, X_n) \\ &\quad + \overline{X_1} f(0, X_2, \ldots, X_n) \end{aligned} \tag{3.21}$$

と展開することができる．

同様に，式 (3.21) の $f(0, X_2, \ldots, X_n)$ 及び $f(1, X_2, \ldots, X_n)$ は変数 X_2 についてそれぞれ

$$f(0, X_2, \ldots, X_n) = X_2 f(0, 1, X_3, \ldots, X_n)$$
$$+ \overline{X}_2 f(0, 0, X_2, \ldots, X_n) \quad (3.22)$$

$$f(1, X_2, \ldots, X_n) = X_2 f(1, 1, X_3, \ldots, X_n)$$
$$+ \overline{X}_2 f(1, 0, X_2, \ldots, X_n) \quad (3.23)$$

と展開することができる．

同様の展開をすべての変数に順次適用することにより，最終的に

$$f(X_1, X_2, \ldots, X_n) = \overline{X}_1 \overline{X}_2 \cdots \overline{X}_n f(0, 0, \ldots, 0)$$
$$+ \overline{X}_1 \overline{X}_2 \cdots X_n f(0, 0, \ldots, 1)$$
$$\cdots$$
$$+ X_1 X_2 \cdots X_n f(1, 1, \ldots, 1) \quad (3.24)$$

が得られる．これを**展開定理**と呼び，式 (3.24) の論理関数の表現形式を**加法標準形**と呼ぶ．また，すべての論理変数からなる $\overline{X}_1 \overline{X}_2 \cdots \overline{X}_n, \overline{X}_1 \overline{X}_2 \cdots X_n$, $\ldots, X_1 X_2 \cdots X_n$ の形式の各項をそれぞれ**最小項**と呼ぶ．

さらに，式 (3.24) の双対として

$$f(X_1, X_2, \ldots, X_n) = (\overline{X}_1 + \overline{X}_2 + \cdots + \overline{X}_n + f(1, 1, \ldots, 1))$$
$$(\overline{X}_1 + \overline{X}_2 + \cdots + X_n + f(1, 1, \ldots, 0))$$
$$\cdots$$
$$(X_1 + X_2 + \cdots + X_n + f(0, 0, \ldots, 0)) \quad (3.25)$$

の関係が導かれ，この形式を**乗法標準形**と呼ぶ．また，最小項の双対として，すべての論理変数からなる $(\overline{X}_1 + \overline{X}_2 + \cdots + \overline{X}_n), (\overline{X}_1 + \overline{X}_2 + \cdots + X_n), \ldots$, $(X_1 + X_2 + \cdots + X_n)$ の形式の各項をそれぞれ**最大項**と呼ぶ．

3.4.2 真理値表と標準形

任意の論理関数に対応する真理値表が与えられた場合，これから直ちに加法

表 3.6 排他的論理和の真理値表

A	B	$f(A,B)$
0	0	0
0	1	1
1	0	1
1	1	0

標準形及び乗法標準形を求めることができる．

例として，真理値表が表 3.6 で定義される 2 変数の論理関数を考え，加法標準形を求めてみる．式 (3.24) より，加法標準形は

$$f(A,B) = \overline{A}\,\overline{B}f(0,0) + \overline{A}Bf(0,1) \\ + A\overline{B}f(1,0) + ABf(1,1) \qquad (3.26)$$

で表される．ここで，表 3.6 の真理値表より $f(0,0) = f(1,1) = 0$ 及び $f(0,1) = f(1,0) = 1$ であり，さらに式 (3.13)，式 (3.14) の関係を用いると，式 (3.26) より

$$f(A,B) = \overline{A}B + A\overline{B} \qquad (3.27)$$

という論理関数が得られる．

この例からわかるように，真理値表が与えられた場合，論理関数の値が "1" となる変数の値の組を選び，"1" をとる変数はそのまま，"0" をとる変数は NOT 演算記号 "‾" をつけた後，すべての変数の AND をとり，それらの項を OR で結合することにより加法標準形が得られる．

同様に，乗法標準形も真理値表から直ちに得られ，論理関数の値が "0" となる変数の値の組を選び，"0" をとる変数はそのまま，"1" をとる変数は NOT 演算記号 "‾" をつけた後，すべての変数の OR をとり，それらの項を AND で結合すればよい．表 3.6 の例では，$f(0,0) = f(1,1) = 0$ であるから，乗法標準形は次式で与えられる．

$$f(A,B) = (A+B)(\overline{A}+\overline{B}) \qquad (3.28)$$

3.5 論理式の簡単化

論理関数が式 (3.27) または式 (3.28) で表される論理演算は，表 3.6 から明らかなように，2 個の論理変数の値が異なる場合結果が "1"，一致した場合 "0" となり，**排他的論理和**または **Exclusive OR** と呼ばれている．排他的論理和を表す記号として "⊕" が用いられ

$$A \oplus B = A\overline{B} + \overline{A}B \tag{3.29}$$

を意味する．

[問 3.6] 問 3.3 で求めた真理値表を用いて，式 (3.3) 及び式 (3.4) の加法標準形と乗法標準形を求めよ．

3.5 論理式の簡単化

加法標準形や乗法標準形で表現された論理式は，より簡単な形で表現できる場合が多い．ここでは，論理変数の数がそれほど多くない場合の論理式の簡単化によく用いられるカルノー図を利用した方法を説明する．

3.5.1 カルノー図

論理関数またはそれに対応する真理値表が与えられたとき，すべての論理変数の値の組に対応する論理関数の値を図 3.2 に示すような図に記入したものをカルノー図と呼ぶ．

カルノー図上の各ます目は，それぞれの変数が枠外に示した値をとる場合を

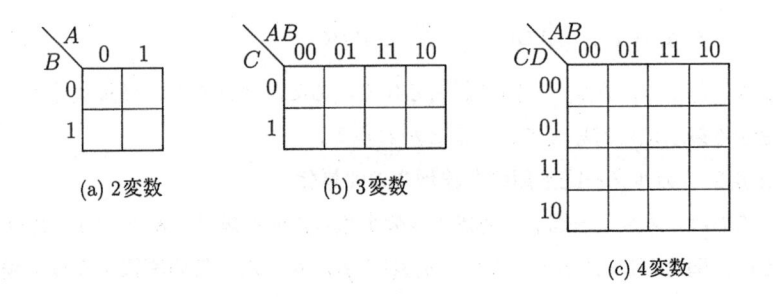

(a) 2 変数

(b) 3 変数

(c) 4 変数

図 3.2 カルノー図

表 3.7　3変数の論理関数の例

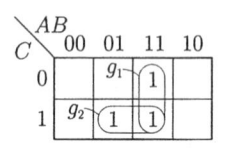

A	B	C	$f(A,B,C)$
0	0	0	0
0	0	1	0
0	1	0	0
0	1	1	1
1	0	0	0
1	0	1	0
1	1	0	1
1	1	1	1

(a) カルノー図

(b) 最小項のグループ化

図 3.3　表 3.7の例のカルノー図

表し，隣り合ったます目どうしでは一つの変数の値のみが異なるように配置されている．一つの変数の値のみが異なるように並んでいることを，ここでは隣接していると呼ぶことにする．隣接関係は物理的に隣り合っているます目だけでなく，カルノー図上の左端と右端のます目や上端と下端のます目どうしでも成り立っていることに注意する必要がある．

例として，表 3.7 に示す 3 変数の論理関数 $f(A,B,C)$ を考える．この真理値表より $f(A,B,C)$ が "1" をとる変数の値の組に対応するます目に "1" を記入することにより，図 3.3(a) に示すカルノー図が得られる†．一方，この論理関数の加法標準形は真理値表より

$$f(A,B,C) = \overline{A}BC + AB\overline{C} + ABC \qquad (3.30)$$

となることから，カルノー図に記入されているそれぞれの "1" は加法標準形を構成する最小項に対応していることがわかる．

3.5.2　カルノー図を用いた論理式の簡単化

ここでは，カルノー図上で隣接する最小項の性質を調べてみる．図 3.3(a) の例では，図 3.3(b) に示すように，g_1 及び g_2 と記した 2 組の隣接する最小項が

---

† 論理関数の値が "0" をとるます目に "0" を記入してもよいが，通常は省略する．

3.5 論理式の簡単化

存在している．まず，g_1 に相当する論理式は

$$g_1 = AB\overline{C} + ABC = AB(\overline{C} + C) = AB \tag{3.31}$$

となり，変数 C が消去された一つの項にまとめることができる．同様に，g_2 に相当する論理式は

$$g_2 = \overline{A}BC + ABC = (\overline{A} + A)BC = BC \tag{3.32}$$

となり，変数 A が消去された一つの項にまとめることができる．すなわち，カルノー図上で隣接した二つの最小項は，論理変数が一つ消去された論理積の項に簡単化できることがわかる．

以上の結果及び式 (3.12) より，式 (3.30) の論理関数は

$$f(A, B, C) = g_1 + g_2 = AB + BC \tag{3.33}$$

と簡単化した式で表すことができる．

カルノー図上で隣接する4個の最小項から構成される論理式では，図3.4 に示すように，4個の最小項が1列に並ぶ場合や 2×2 の正方に位置する場合，二つの論理変数が消去された一つの項にまとめることができる．さらに，4変数のカルノー図の場合も同様であり，簡単化の例を図3.5 に示す．

一般に，カルノー図上で 2^k 個の隣接する最小項が 2^{k-1} 個からなる対称な二つのグループに分割可能で，しかもそれぞれのグループが $k-1$ 個の変数を消去した一つの項に簡単化可能な場合，この 2^k 個の隣接する最小項は k 個の変

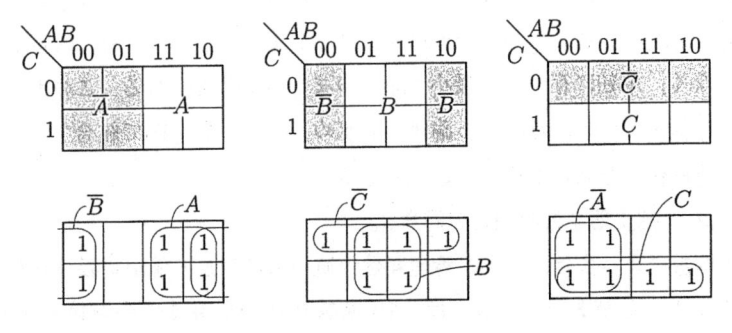

図3.4　3変数のカルノー図におけるグループ化

66   3 論理回路の基礎

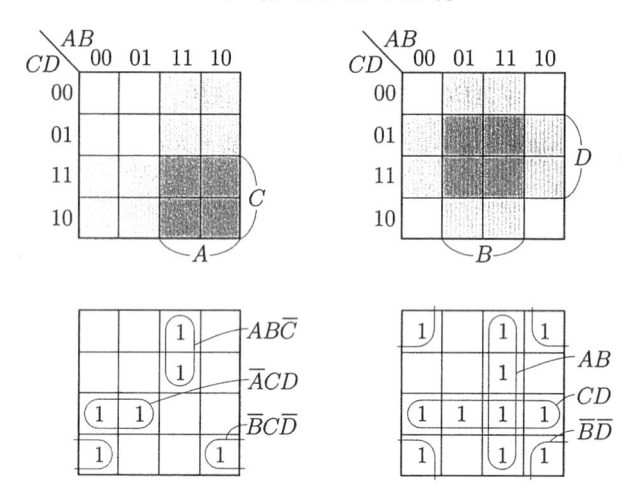

図 3.5 4 変数のカルノー図におけるグループ化

数を消去した一つの項に簡単化することができる．

　この性質を利用して，任意の論理式が与えられたとき，カルノー図を用いて以下のように簡単化を行うことができる．すなわち，カルノー図上の "1" を論理変数が消去可能な 2^k 個（$k = 1, 2, \ldots$）を含むグループにまとめ，できる限り少ないグループ数ですべての "1" を覆うようにする．この際，図 3.4 や図 3.5 に示したように，一つの最小項が複数のグループに含まれるようにまとめてもよく，重複がないようなグループで全体を覆うより，より大きなグループで重複をもたせて覆う方が，結果が簡単になる場合が多い．なお，隣接する最小項がなく，単独に存在する最小項はそのまま選ぶ必要がある．このようにして選んだ各グループに対応する論理式を求め，それらを OR で結合することにより，簡単化した表現を得ることができる．

3.5.3 禁止項を含む場合の簡単化

　論理関数によっては，一部の論理変数の値の組に対して値が定義されない場合が生じることがある．たとえば，10 進数で 0 から 9 までの数値を入力し，四捨五入の結果，すなわち 4 以下であれば "0" を，5 以上であれば "1" を出

3.5 論理式の簡単化

表 3.8 禁止項を含む場合の真理値表

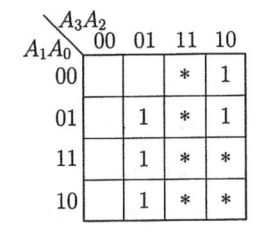

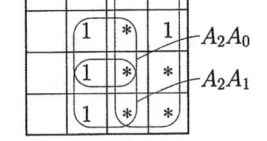

A_3	A_2	A_1	A_0	f	A_3	A_2	A_1	A_0	f
0	0	0	0	0	1	0	0	0	1
0	0	0	1	0	1	0	0	1	1
0	0	1	0	0	1	0	1	0	*
0	0	1	1	0	1	0	1	1	*
0	1	0	0	0	1	1	0	0	*
0	1	0	1	1	1	1	0	1	*
0	1	1	0	1	1	1	1	0	*
0	1	1	1	1	1	1	1	1	*

(a) 禁止項を含むカルノー図　　(b) グループ化の結果

図 3.6 表 3.8 の論理関数のカルノー図

力する論理回路を実現したいとする．この場合，0 から 9 までの数値を 2 進数で表すと，少なくとも 4 ビットが必要である．そこで，4 ビットの 2 進数を "$A_3A_2A_1A_0$" で表すことにし，四捨五入に対応する論理演算の真理値表を求めると表 3.8 が得られる．

表中 "$A_3A_2A_1A_0$"="1010" から "1111" で表される値の組は 10 進数の 10 から 15 に相当し，これらの数値が入力されることは想定していないことから，論理関数の値も定義されていない．このような論理変数の値の組は**禁止項**またはドントケアと呼ばれる．ここでは論理関数の値が未定義であることを記号 "*" で表すことにする．

表 3.8 の論理関数に対応するカルノー図を図 3.6(a) に示す．図中の "*" が

禁止項に相当する．禁止項に対応する論理関数の値は定義されていないが，もともと対応する入力が存在しないという仮定から，"1"，"0" のどちらか都合の良い値に定めてグループ化を行っても問題はない．

そこで，ここでは "*" を "1" と考えてグループ化すると図 3.6(b) となり，これより簡単化した論理式として

$$f(A_3, A_2, A_1, A_0) = A_3 + A_2 A_1 + A_2 A_0 \tag{3.34}$$

が得られる．

[問 3.7] 0 から 9 までの数値に対して，4 以下であれば "1" を，5 以上であれば "0" をとる論理関数をできる限り簡単な論理式で表せ．

3.6 ダイオード論理回路

適当な値を境界として，電圧を高レベルと低レベルという異なる二つの状態に区別すると，それらを論理変数のとる "1" と "0" の 2 値に対応付けることができる．ここでは，このような対応付けに基づいて，論理積と論理和を実現する論理演算回路を，ダイオードと抵抗からなる簡単な回路により構成できることを示す．

3.6.1 AND 回路

図 3.7 に示す回路の入出力電圧の関係を考える．簡単のために，ダイオードを理想ダイオードと仮定する．接地電位 ($= 0$ V) を基準として，二つの入力端子に加える電圧をそれぞれ V_A, V_B，出力端子の電圧を V_Y とする．また，電源電圧 V_{CC} は正の値とする．

入力端子に加える電圧がともに電源電圧より高い場合，ダイオードは逆方向バイアスとなることから D_1, D_2 はいずれもオフし開放状態となる．したがって出力には電源電圧の値 V_{CC} がそのまま現れ，$V_Y = V_{CC}$ となる．また，入力電圧がともに電源電圧と等しい場合，ダイオードになんらかの電流が流れると仮定すると，抵抗 R を通して電源から電流が流れ，抵抗の両端に電圧が生じるため，出力端子の電圧は V_{CC} より低下する．この結果，いずれのダイオード

3.6 ダイオード論理回路

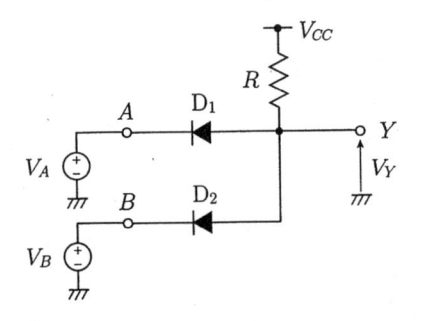

図 3.7 ダイオードを用いた AND 回路

も逆方向バイアスとなることからオフとなり，電流は流れない．これは，ダイオードに電流が流れるという最初の仮定に反することから，結局ダイオードには電流が流れず，この場合も $V_Y = V_{CC}$ となる．

次に，入力端子のいずれかに V_{CC} より低い入力電圧を加えたとすると，その端子に接続されているダイオードは順方向バイアスとなることからオンし短絡状態となる．そして，出力にはそのときの入力電圧の値（$< V_{CC}$）が現れる．

入力電圧がともに V_{CC} より低い場合，$V_A < V_B$ であればダイオード D_1 がオン，D_2 がオフし，出力電圧は $V_Y = V_A$ となる．逆に，$V_A > V_B$ であればダイオード D_2 がオン，D_1 がオフし，出力電圧は $V_Y = V_B$ となる．

ここで，V_{CC} 以上の電圧を H レベル，V_{CC} より低い電圧を L レベルと考え，電圧レベルに関して二つの状態を定義すれば，表 3.9(a) に示す関係が得られる．さらに，電圧の H レベルと L レベルをそれぞれ "1" と "0" の 2 値に対応付けし，A, B 及び Y をそれぞれ入力及び出力の電圧レベルに対応する論理変数と考えれば，表 3.9(b) に示す真理値表が得られる．表 3.9(b) の関係は表 3.4 と同じであり，

$$Y = AB \tag{3.35}$$

が成り立っている．したがって，図 3.7 の回路は AND を実現する論理回路である **AND 回路**となっている．

実用上，電源電圧の値を境界として，電圧の H レベルと L レベルを決める

表 3.9　図 3.7 の回路の入出力の関係

V_A	V_B	V_Y
L	L	L
L	H	L
H	L	L
H	H	H

(a) 電圧レベル

A	B	Y
0	0	0
0	1	0
1	0	0
1	1	1

(b) 真理値表

ことは，電源電圧の僅かの変動や外部から混入する雑音などに影響されやすく，誤動作の原因となる．このため実際の論理回路では，通常，接地電位すなわち 0 V 付近の値を L レベル，電源電圧に近い値を H レベルと設定して，H レベルと L レベルの範囲を明確に区別するようにしている．

[問 3.8]　図 3.7 において，ダイオード D_1 と D_2 の特性が図 2.9 である場合，$V_A = 0$ V, $V_B = V_{CC} = 5.0$ V のときの出力電圧 V_Y はいくらか．ただし，オン電圧を $V_{on} = 0.7$ V とする．

3.6.2　OR 回 路

図 3.8 にダイオードを用いた OR 回路を示す．簡単のため，ダイオードは理想ダイオードと仮定する．また，ここでは，接地電位 (= 0 V) を L レベル，電源電圧の値を H レベルとする．

入力電圧 V_A, V_B がともに L レベルのとき，抵抗 R には電流が流れないた

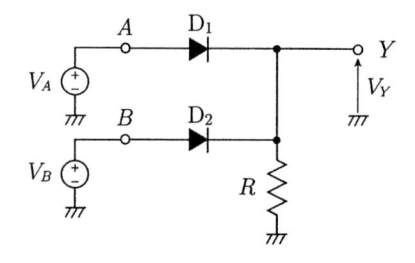

図 3.8　ダイオードを用いた OR 回路

表 3.10 図 3.8 の回路の入出力の関係

V_A	V_B	V_Y
L	L	L
L	H	H
H	L	H
H	H	H

(a) 電圧レベル

A	B	Y
0	0	0
0	1	1
1	0	1
1	1	1

(b) 真理値表

め，V_Y も L レベルとなる．これに対し，V_A, V_B の少なくともいずれか一方が H レベルの時，H レベルの電圧が加えられたダイオードはオンして短絡状態となり，この結果，V_Y は入力電圧と同じ H レベルとなる．

以上の入出力の電圧レベルの関係をまとめると表 3.10(a) が得られる．さらに，電圧の H レベルと L レベルをそれぞれ "1" と "0" に対応付けすれば，表 3.10(b) に示す真理値表が得られる．表 3.10(b) の関係は表 3.5 と同じであり

$$Y = A + B \tag{3.36}$$

が成り立っている．したがって図 3.8 の回路は OR を実現する論理回路であることがわかる．

[問 3.9] 図 3.8 において，$V_A = V_B = 5.0$ V であり，また，ダイオード D_1 と D_2 の特性が図 2.9 である場合，出力電圧 V_Y はいくらか．ただし，オン電圧を $V_{on} = 0.7$ V とする．

3.7 正論理と負論理

図 3.7 の AND 回路や図 3.8 の OR 回路は，電圧の H レベルと L レベルという二つの状態をそれぞれ論理変数の "1" と "0" に対応付けることにより，論理演算を実現できることを述べた．このような電圧レベルと論理変数の対応付けを正論理と呼ぶ．これに対し，電圧レベルと論理変数の二つの値の対応付け

表 3.11　正論理と負論理

電圧レベル	論理値
L	0
H	1

(a) 正論理

電圧レベル	論理値
L	1
H	0

(b) 負論理

表 3.12　図 3.7 の回路の負論理による解釈

V_A	V_B	V_Y
L	L	L
L	H	L
H	L	L
H	H	H

(a) 電圧レベル

A'	B'	Y'
1	1	1
1	0	1
0	1	1
0	0	0

(b) 真理値表

として，H レベルを "0" に，また L レベルを "1" に対応付けることも可能であり，このような電圧レベルと論理変数の対応付けを**負論理**と呼ぶ．正論理と負論理の電圧レベルの対応付けの関係をまとめると表 3.11 になる．

ここで，図 3.7 に示した AND 回路の動作を負論理で考えてみる．電圧レベル V_A, V_B, V_Y に対応する負論理の論理変数をそれぞれ A', B', Y' で表すことにする．この場合，入出力の電圧レベルの関係表 3.12(a) を負論理で対応付けすることにより表 3.12(b) の真理値表が得られる．

これは表 3.5 に示した OR の関係と同じであり，したがって，正論理で AND を実現する図 3.7 の回路は，負論理では OR を実現する回路と考えることができる．これを論理式で表せば

$$Y' = A' + B' \tag{3.37}$$

となる．

同様に，正論理で OR を実現する図 3.8 の回路を負論理で考えると，表 3.13(b) の真理値表が得られる．これを論理式で表せば

3.8 論理ゲートと論理回路記号

表 3.13 図 3.8 の回路の負論理による解釈

V_A	V_B	V_Y
L	L	L
L	H	H
H	L	H
H	H	H

(a) 電圧レベル

A'	B'	Y'
1	1	1
1	0	0
0	1	0
0	0	0

(b) 真理値表

$$Y' = A'B' \tag{3.38}$$

となり，負論理では AND になっていることがわかる．

　以上の関係は，ド・モルガンの定理を用いて示すこともできる．AND 回路は正論理で考えた場合 $Y = AB$ が成り立つことから，ド・モルガンの定理を適用すると

$$\overline{Y} = \overline{AB} = \overline{A} + \overline{B} \tag{3.39}$$

が得られる．ところで，正論理と負論理の関係は表 3.11 に示したように，互いに NOT の関係にあることから，負論理の論理変数は正論理の論理変数に NOT 演算を施したものと考えることができる．したがって，$A' = \overline{A}$, $B' = \overline{B}$, $Y' = \overline{Y}$ の関係が成り立ち，これを上式に代入すれば式 (3.37) が得られる．

　OR ゲートの場合も同様に，$Y = A + B$ とド・モルガンの定理より

$$\overline{Y} = \overline{A + B} = \overline{A}\,\overline{B} \tag{3.40}$$

が成り立ち，上記の負論理と正論理の論理変数間の関係を代入すると式 (3.38) が得られる．

　このように，正論理で考えるかあるいは負論理で考えるかにより，同一の回路が論理的に異なる働きをする．したがって，論理回路の機能を記述する場合，正論理と負論理で異なる二つの真理値表が必要となる．実際には，同一の論理回路に対して正論理と負論理の混同が起こらないようにするため，一意に定まる入出力の電圧レベルの関係により回路の機能を表すことがしばしば行われる．

3.8 論理ゲートと論理回路記号

前節までに述べた AND 回路や OR 回路など，基本論理演算を実現する回路を一つの回路素子と考えて**論理ゲート**または単に**ゲート**と呼ぶ．ここでは，論理ゲートの表記法とこれを用いた論理回路の表現について述べる．

3.8.1 MIL 記号

論理ゲートを表す回路記号として，米国軍規格 MIL-STD で定められた **MIL 記号**が一般に広く用いられている．図 3.9 に代表的な論理ゲート記号を示す．

A ─▷∘─ $Y=\overline{A}$　　　　A ─▷─ $Y=A$

(a) NOTゲート　　　　　　　(b) バッファ

$\begin{matrix}A\\B\end{matrix}$ ⊐D─ $Y=AB$　　　$\begin{matrix}A\\B\end{matrix}$ ⊐D─ $Y=A+B$

(c) ANDゲート　　　　　　　(d) ORゲート

$\begin{matrix}A\\B\end{matrix}$ ⊐D∘─ $Y=\overline{AB}$　　$\begin{matrix}A\\B\end{matrix}$ ⊐D∘─ $Y=\overline{A+B}$

(e) NANDゲート　　　　　　(f) NORゲート

$\begin{matrix}A\\B\\C\end{matrix}$ ⊐D∘─ $Y=\overline{ABC}$　$\begin{matrix}A\\B\\C\end{matrix}$ ⊐D∘─ $Y=\overline{A+B+C}$

(g) 3入力NANDゲート　　　(h) 3入力NORゲート

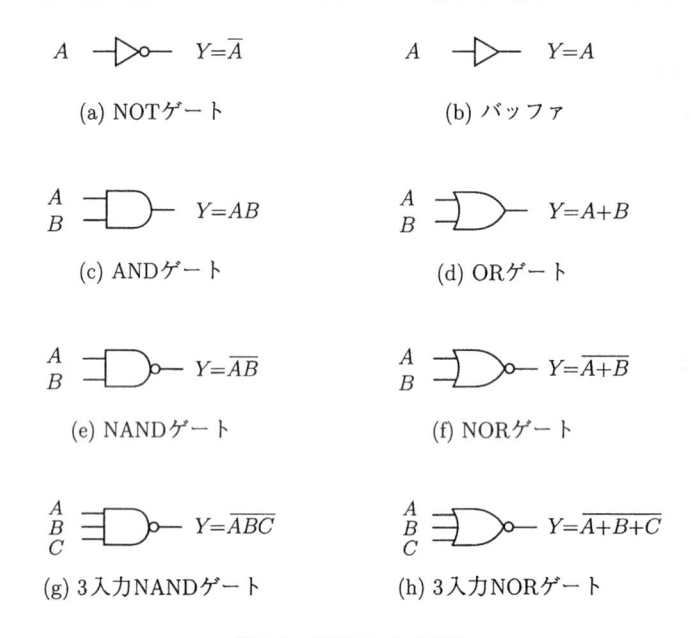

図 3.9　論理ゲートの記号

NOT ゲートはインバータとも呼ばれ，図 3.9(a) の記号で表される．一方，出力が

$$Y = A \tag{3.41}$$

3.8 論理ゲートと論理回路記号

で表されるゲートはバッファと呼ばれ, 図3.9(b) の記号が用いられる. 式(3.15) より, NOT 演算を2回施すと

$$Y = \overline{(\overline{A})} = A \tag{3.42}$$

であるから, NOT ゲートを2段縦続接続した回路の論理関数は, バッファと等価となる.

図3.10 NOT ゲートの2段縦続接続とバッファ

AND ゲート及び OR ゲートはそれぞれ図3.9(c), (d) の記号で表される. これに対し, 入力を A, B, 出力を Y として

$$Y = \overline{AB} \tag{3.43}$$

である論理回路を NAND ゲートと呼び, 図3.9(e) の記号で表す. また, 出力が

$$Y = \overline{A + B} \tag{3.44}$$

で表される論理回路を NOR ゲートと呼び, 図3.9(f) の記号で表す.

NOT ゲート, NAND ゲート及び NOR ゲートは, 次章以降で説明する MOS トランジスタやバイポーラトランジスタを用いた集積回路により論理回路を実現する際の基本となっている. これらの集積回路では, 3入力や4入力の多入力 NAND ゲートや NOR ゲートを容易に実現することができ, たとえば3入力ゲートの場合図3.9(g), (h) に示す記号を用いる.

さらに, 式(3.12) 及び式(3.13) の関係より

$$Y = \overline{A} = \overline{AA} = \overline{A + A} = \overline{A \cdot 1} = \overline{A + 0} \tag{3.45}$$

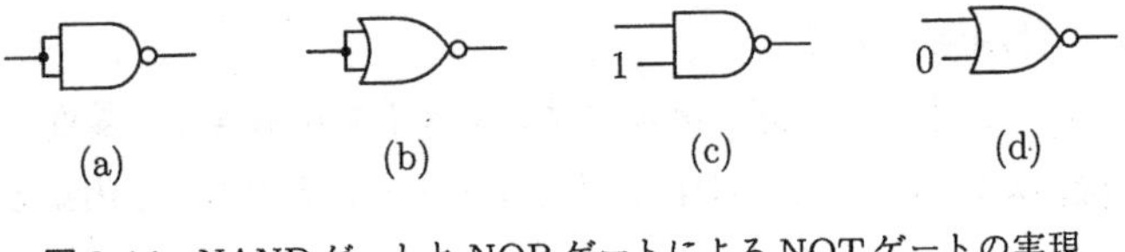

(a)　　　(b)　　　(c)　　　(d)

図3.11 NAND ゲートと NOR ゲートによる NOT ゲートの実現

が成り立つことから,NAND ゲートあるいは NOR ゲートを用いた図 3.11 に示す回路はすべて NOT ゲートと等価となる.

以上述べた論理ゲートを用いることにより,論理式が与えられた場合,これを実現する論理回路を論理式から直接構成することができる.例として,3.4.2 節で述べた排他的論理和を実現する回路の構成を図 3.12 に示す.図 3.12(a) は式 (3.27) で与えられる論理式を実現した回路であり,図 3.12(b) は同じ機能を式 (3.28) から実現した回路である.

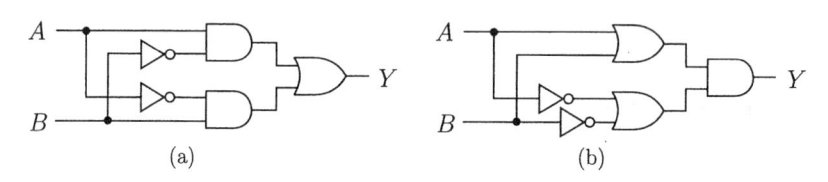

図 3.12 Exclusive OR 回路の構成例

一般に,排他的論理和を実現する回路は **Exclusive OR** ゲートと呼ばれ,図 3.13(a) の記号が用いられる.また,出力が

$$Y = \overline{A \oplus B} = AB + \overline{A}\,\overline{B} \tag{3.46}$$

で与えられる回路は**一致回路**または **Exclusive NOR** ゲートと呼ばれ,図 3.13(b) の記号で表される.

(a) Exclusive OR ゲート   (b) 一致回路

図 3.13 Exclusive OR ゲートの記号

[問 3.10] 式 (3.29) の定義から式 (3.46) が成り立つことを確かめよ.

3.8.2 負論理の表現

3.7 節で述べたように,同じ論理回路であっても正論理と負論理では論理的に異なる機能を持つ.一方,MIL 記号ではゲートの入出力に小円記号を付加した場合,その入出力の NOT をとることを意味すると同時に,その入出力が負

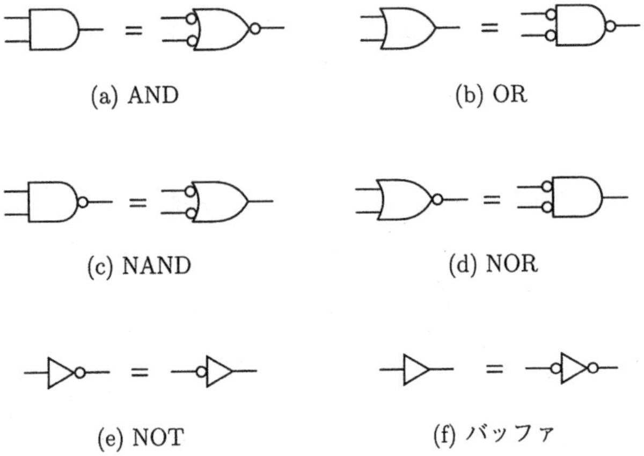

3.8 論理ゲートと論理回路記号

(a) AND

(b) OR

(c) NAND

(d) NOR

(e) NOT

(f) バッファ

図 **3.14** 論理ゲートの MIL 記号による表現

論理であることを意味している．この表記法によれば，正論理と負論理による機能の違いを，形式的な回路記号の変換により容易に取り扱うことができる．

　正論理で AND を実現する回路は，入出力を負論理で考えた場合 OR を実現していることから，図 3.14(a) に示すように，入出力が正論理の AND ゲートは入出力とも負論理の OR ゲートと表すことができる．また，入出力が正論理の OR ゲートは図 3.14(b) に示すように，入出力とも負論理の AND ゲートと表すことができる．

　NAND ゲートと NOR ゲートは，MIL 記号によれば入力が正論理，出力が負論理の AND 及び OR ゲートと考えることができる．一方，ド・モルガンの定理より NAND ゲートの場合，式 (3.43) は

$$Y = \overline{AB} = \overline{A} + \overline{B} \tag{3.47}$$

と表され，また NOR ゲートの場合，式 (3.44) は

$$Y = \overline{A+B} = \overline{A}\,\overline{B} \tag{3.48}$$

と表されることから，NAND ゲート及び NOR ゲートは，それぞれ入力が負論理，出力が正論理の OR ゲート及び AND ゲートと考えることもできる．これを MIL 記号で表すと図 3.14(c), (d) となる．

78   3 論理回路の基礎

(a)

(b)

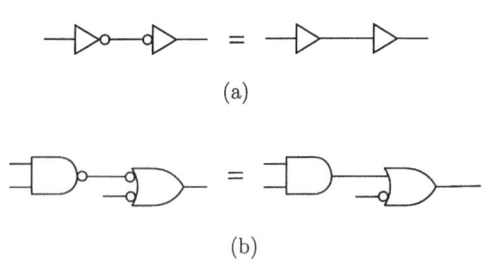

図 3.15 負論理の入出力の接続

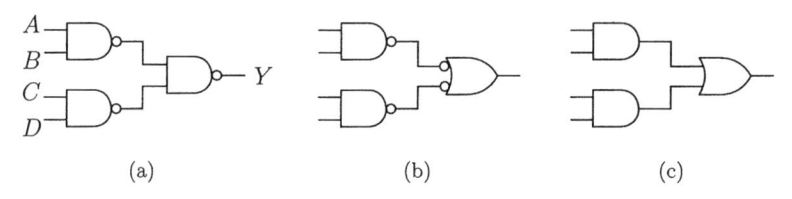

(a)   (b)   (c)

図 3.16 論理回路の等価表現

　さらに，図 3.14(e) に示すように，NOT ゲートは正論理を負論理に，あるいは負論理を正論理に変換する素子と考えることもできる．また，バッファは入出力ともに負論理と考えて図 3.14(f) のように表すことができる．

　複数の論理ゲートにより論理回路が構成されるような場合，MIL 記号を用いて論理回路を表現すると，負論理の出力と負論理の入力が接続される箇所がしばしば生じる．このような箇所では，図 3.15(a) に示すように，NOT ゲートが 2 段縦続接続されていることと等価であり，これは式 (3.42) よりバッファと等価であるから，負論理を表す小円記号を取り除いて正論理で考えても全体の動作には影響しない．したがって，MIL 記号で表された回路において小円記号どうしが接続されている場合，図 3.15(b) に示すように，単純に小円記号を取り除いて考えてもよい．

　以上の MIL 記号による表記法を用いると，論理ゲートが多数含まれるような回路において，動作を直観的に理解できる場合が多い．

　例として，図 3.16(a) に示す NAND ゲートを接続した論理回路を考える．まず，出力段の NAND ゲートは入力が負論理の OR ゲートと等価であるから，図

3.16(a) の等価表現として図 3.16(b) が得られる．さらに，負論理を表す小円記号どうしが接続されている箇所から小円記号を取り除くと，最終的に図 3.16(c) の等価表現が得られる．

結局，図 3.16(a) は図 3.16(c) と等価であり，これから直ちに出力の論理式

$$Y = AB + CD \tag{3.49}$$

が求められる．

[問 3.11] 図 3.16(a) において，すべての NAND ゲートを NOR ゲートに置き換えた回路の論理関数を求めよ．

演 習 問 題

(1) 次の論理式が成り立つことを示せ．

(a) $\overline{X_1 + X_2 + \cdots + X_n} = \overline{X_1}\,\overline{X_2}\cdots\overline{X_n}$

(b) $\overline{X_1 X_2 \cdots X_n} = \overline{X_1} + \overline{X_2} + \cdots + \overline{X_n}$

(2) 真理値表が表 3.2 で表される論理関数 $S_k = f_k(A_1, A_0, B_1, B_0)$ $(k = 0, 1, 2)$ を求めよ．

(3) 図 3.17 に示す回路を考える．

(a) この回路の論理関数を求めよ．

(b) この回路がどのような機能を持つか述べよ．

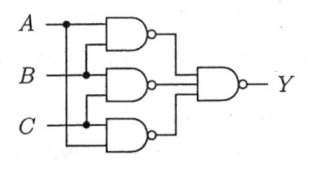

図 **3.17** 演習問題 (3)

(4) 図 3.18に示す回路の論理関数を求めよ．

(5) 図 3.19に示す回路の論理関数を求めよ．

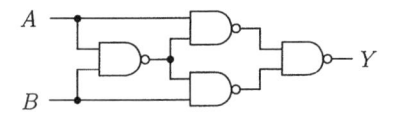

図**3.18** 演習問題 (4)

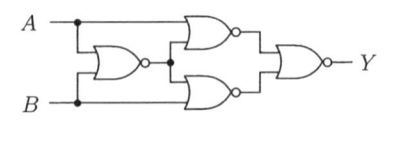

図**3.19** 演習問題 (5)

(6) 1桁の2進数 A と B の和 S と桁上がり C を出力する回路の論理関数は

$$S = A\overline{B} + \overline{A}B = A \oplus B$$

$$C = AB$$

と与えられる．この回路を半加算器 (Half Adder, HA) と呼ぶ．

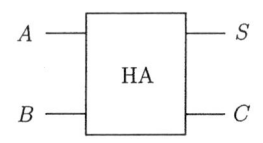

図**3.20** 演習問題 (6)

(a) 1桁の2進数 X と Y，下位の桁からの桁上がり C' を入力とし，それら3個の入力の和 S と桁上がり C を出力する回路（**全加算器**と呼ばれる）を半加算器2個と OR ゲートを用いて構成せよ．

(b) S と C を X, Y, C' の論理関数として表し，全加算器を直接構成せよ．

(7) 図3.7において，V_{CC} は 5 V であり，ダイオードの特性が図2.9で与えられ，オン電圧 V_{on} を 0.7 V とする．V_B を 5 V と固定した場合に，V_A を 0 V から 5 V まで変化させた．この時の V_Y の変化を図示せよ．

(8) 図3.8において，ダイオードの特性が図2.9で与えられ，オン電圧 V_{on} を 0.7 V とする．V_B を 0 V と固定した場合に，V_A を 0 V から 5 V まで変化させた．この時の V_Y の変化を図示せよ．

4

MOSトランジスタ論理回路

　MOSトランジスタで実現された論理回路は様々な分野の集積回路で用いられており，MOSトランジスタ回路の動作を学ぶことは集積回路を設計する上で重要な基礎の一つである．本章ではまず，論理回路の構成や解析の基本となるMOSトランジスタの2値動作について述べる．次に，論理回路において最も簡単なNOT回路の構成例をいくつか示し，構成手法の違いによる得失を明らかにする．特に，実用上重要であるCMOS NOT回路については，その応答速度や消費電力についても詳細に解析する．また，基本的な論理関数を実現するための論理回路の様々な実現方法についても学ぶことにする．

4.1　MOSトランジスタの2値動作

　MOSトランジスタと抵抗を用いた最も簡単な回路の一つとして，図4.1に示す回路がある．この回路では，MOSトランジスタとしてエンハンスメント型nチャネルMOSトランジスタが用いられている．ここでは，直流電圧源V_{DD}がMOSトランジスタのしきい電圧よりも十分大きいと仮定して図4.1の回路の動作について考える．

　この回路では，MOSトランジスタのゲート端子に加えられる入力電圧V_{in}に応じて電流I_Dが電源から抵抗R_Lに供給されることから，抵抗R_Lを負荷抵抗または単に負荷と呼ぶ．電源電圧V_{DD}と負荷抵抗R_L，ドレイン電流I_Dに

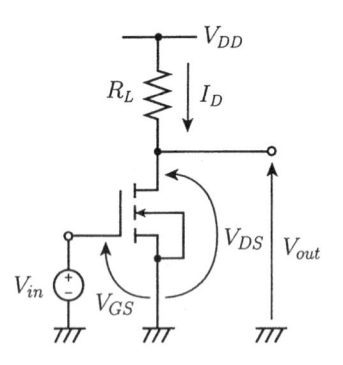

図 4.1 抵抗負荷 MOS トランジスタ回路

より，出力電圧 V_{out} は

$$V_{out} = V_{DD} - R_L I_D \tag{4.1}$$

となる．式 (4.1) を I_D について解くと，ドレイン電流を

$$I_D = -\frac{1}{R_L} V_{out} + \frac{V_{DD}}{R_L} \tag{4.2}$$

と表すことができる．一方，第 2 章で述べた通り，ドレイン電流は，ゲート・ソース間電圧 V_{GS} やドレイン・ソース間電圧 V_{DS} によっても変化する．図 4.1 の回路では，V_{GS} は V_{in} に等しく，V_{DS} は V_{out} に等しいので，式 (4.2) および MOS トランジスタの特性から定まるドレイン電流 I_D と出力電圧 V_{out} との関係を図示すると図 4.2 となる．式 (4.2) で表される直線 L_1 は**負荷線**と呼ばれている．

まず，入力電圧 V_{in} が 0V である場合，MOS トランジスタがエンハンスメント型であるのでドレイン電流は流れない．このときの V_{out} の値を V_{OH} とすると，$I_D = 0$ から式 (4.1) は

$$V_{OH} = V_{DD} - R_L I_D = V_{DD} \tag{4.3}$$

となり，V_{OH} は V_{DD} に等しいことがわかる．

次に，入力電圧 V_{in} が V_{DD} である場合，MOS トランジスタのゲート・ソース間には，しきい電圧よりも大きな電圧 V_{DD} が与えられているため，ドレイン電流が流れる．この結果，式 (4.1) から V_{out} の値は V_{DD} よりも小さくなり，

4.1 MOSトランジスタの2値動作

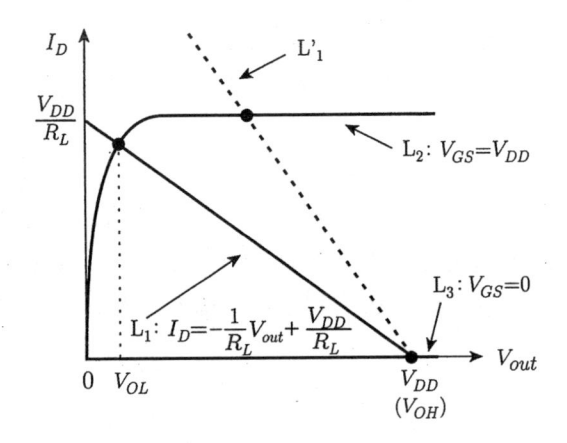

図4.2 抵抗負荷MOSトランジスタ回路の動作特性

MOSトランジスタの特性と式(4.1)から定まる正の値となる.

I_D と V_{out} の値は, V_{in} が V_{DD} に等しいときは $V_{GS} = V_{DD}$ のときのMOSトランジスタの特性を表す曲線 L_2 上の点で表され, V_{in} が0Vのときは $V_{GS} = 0V$ のときのMOSトランジスタの特性を表す直線 L_3 上の点で表される. 一方, I_D と V_{out} の値は, 式(4.2)で定まる負荷線 L_1 上の点としても表されなければならない. したがって, $V_{in} = V_{DD}$ の場合, I_D と V_{out} を表す点は図4.2において負荷線 L_1 と曲線 L_2 の交点として定まる. 抵抗 R_L が小さい場合は, 負荷線の傾きは大きくなり, 破線 L'_1 のようになる. 負荷線が L_1 の場合, MOSトランジスタは非飽和領域で動作し, 負荷線が L'_1 の場合, 飽和領域で動作する.

ここでは, 実用上重要である負荷線が L_1 のように表され, MOSトランジスタが非飽和領域で動作する場合について考える. $V_{in} = V_{DD}$ の時の V_{out} の値を V_{OL} とすると, 非飽和領域でのMOSトランジスタのドレイン電流を表す式(2.4)と式(4.2)から

$$I_D = -\frac{1}{R_L}V_{OL} + \frac{V_{DD}}{R_L} = 2K\left(V_{DD} - V_T - \frac{V_{OL}}{2}\right)V_{OL} \quad (4.4)$$

を得る. この式を V_{OL} について解くと

$$V_{OL} = V_{DD} - V_T + \frac{1}{2KR_L} \pm \sqrt{\left(V_{DD} - V_T + \frac{1}{2KR_L}\right)^2 - \frac{V_{DD}}{KR_L}} \quad (4.5)$$

となる.ただし,MOSトランジスタが非飽和領域で動作しているという条件を満足するためには,マイナスの符号が選ばれなければならない.したがって,V_{OL}は

$$V_{OL} = V_{DD} - V_T + \frac{1}{2KR_L} - \sqrt{\left(V_{DD} - V_T + \frac{1}{2KR_L}\right)^2 - \frac{V_{DD}}{KR_L}} \quad (4.6)$$

である.ここで,抵抗 R_L が十分に大きいとすると,V_{OL} は限りなく 0V に近づき,ドレインとソースが近似的に短絡された状態とみなすことができる.

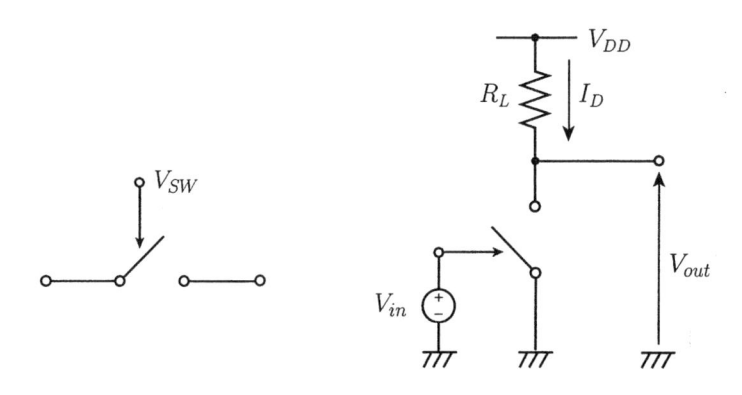

図 4.3 電圧制御型スイッチの記号　図 4.4 スイッチを用いた抵抗負荷 MOS トランジスタ回路の等価回路

以上述べたように,MOSトランジスタは,そのゲート・ソース間にしきい電圧よりも大きな電圧が加えられた場合には電流が流れ,負荷抵抗 R_L が十分大きい場合はドレイン・ソース間が近似的に短絡された状態とみなせる.逆に,ゲート・ソース間の電圧がしきい電圧よりも小さい場合には電流が流れず,ドレイン・ソース間は開放とみなせる.すなわち,MOSトランジスタのドレイン・ソース間は,近似的にゲート・ソース間の電圧に応じて開閉するスイッチの働きをしている.図 4.3 に示すように,V_{SW} が十分高い電位の場合に短絡となり,十分低い電位の場合に開放となる電圧制御型スイッチを用いて図 4.1 を近似的に表すと図 4.4 となる.

pn 接合ダイオードの場合と同様に,電流が流れている状態をトランジスタ

が"オン"していると言い，逆に，電流が流れていない状態をトランジスタが"オフ"していると言う．図4.4では，オン状態はスイッチが閉じた状態に対応し，オフ状態はスイッチが開いた状態に対応している．Lレベルを0V，HレベルをV_{DD}と定義したとき，この等価回路では，入力がHレベルの場合，出力がLレベルになり，入力がLレベルの場合，出力がHレベルになる．したがって，図4.1はNOT回路であることがわかる．

4.2 MOSトランジスタによるNOT回路

図4.1以外にMOSトランジスタを用いた代表的なNOT回路として，負荷抵抗の代わりに，エンハンスメント型nチャネルMOSトランジスタやディプリーション型nチャネルMOSトランジスタ，エンハンスメント型pチャネルMOSトランジスタを用いたNOT回路がある．以下では，図4.1を含む4種類のNOT回路について比較を行う．

4.2.1 抵抗負荷NOT回路

論理回路の性能を比較するための重要な評価尺度して論理振幅がある．論理振幅とは，出力のHレベルとLレベルの差である．すなわち，論理振幅をV_{swing}とすると，論理振幅は出力のHレベルの電圧V_{OH}とLレベルの電圧V_{OL}を用いて

$$V_{swing} = V_{OH} - V_{OL} \tag{4.7}$$

と表すことができる．図4.1の回路の場合，出力のHレベルの電圧V_{OH}はV_{DD}に等しく，Lレベルの電圧V_{OL}は式(4.6)で与えられるので，論理振幅は

$$V_{swing} = V_T - \frac{1}{2KR_L} + \sqrt{\left(V_{DD} - V_T + \frac{1}{2KR_L}\right)^2 - \frac{V_{DD}}{KR_L}} \tag{4.8}$$

となる．この式から抵抗R_Lが大きければ大きいほど，V_{swing}はV_{DD}に近づく．しかし，実際には集積回路上において実用的な抵抗値に制限があるため十分な論理振幅が得られないことが多い．

[問4.1] $K_0 = 20\mu S/V$, $W = 20\mu m$, $L = 2\mu m$, $R_L = 5k\Omega$, $V_{DD} = 3.0V$,

$V_T = 0.3$V のとき，図 4.1 の NOT 回路の論理振幅を求めよ．

[問 4.2] $K_0 = 20\mu$S/V, $W = 20\mu$m, $L = 2\mu$m, $V_T = 0.3$V, $V_{DD} = 3.0$V のとき，図 4.1 の NOT 回路の論理振幅が 2.9V となるための抵抗値 R_L を求めよ．また，集積回路上において 50Ω の抵抗が縦，横ともに 2μm の領域を占める場合，これを直列接続して R_L を構成するとどれだけの面積が必要か．

4.2.2 エンハンスメント型トランジスタ負荷 NOT 回路

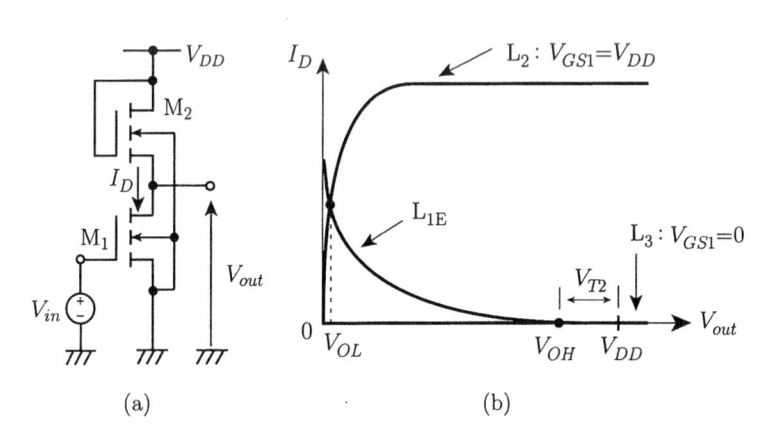

図 4.5 エンハンスメント型トランジスタ負荷 NOT 回路とその動作特性

図 4.1 の回路において論理振幅を大きくするためには大きな値の抵抗が必要であるという欠点を解決するために，図 4.5(a) の回路では，抵抗の代わりにエンハンスメント型 n チャネル MOS トランジスタを用いている．この回路では，トランジスタ M_2 のドレインとゲートが短絡されているので M_2 のゲート・ソース間電圧 V_{GS2} とドレイン・ソース間電圧 V_{DS2} は等しく，さらに M_2 のしきい電圧 V_{T2} は正の値であることから

$$V_{GS2} - V_{T2} < V_{GS2} = V_{DS2} \tag{4.9}$$

という関係が成り立つ．この式から，ゲートとドレインが短絡されているトランジスタ M_2 は常に飽和領域で動作していることがわかる．したがって，トランジスタ M_2 を流れるドレイン電流 I_D は

4.2 MOSトランジスタによるNOT回路

$$I_D = K_2(V_{DD} - V_{out} - V_{T2})^2 \tag{4.10}$$

となる．ただし，K_2はトランジスタM_2のトランスコンダクタンスパラメータである．これをトランジスタM_1のドレイン・ソース間電圧-ドレイン電流特性上に図示すると図4.5(b)の曲線L_{1E}となる．

図4.5(b)から出力がLレベルのときの電圧V_{OL}は十分小さく，トランジスタM_1は非飽和領域で動作していると考えることができる．この場合

$$2K_1(V_{DD} - V_{T1} - \frac{V_{OL}}{2})V_{OL} = K_2(V_{DD} - V_{OL} - V_{T2})^2 \tag{4.11}$$

が成り立つ．ただし，K_1とV_{T1}はそれぞれトランジスタM_1のトランスコンダクタンスパラメータとしきい電圧である．式(4.11)において，V_{OL}が十分小さいと近似すると，V_{OL}は

$$V_{OL} \simeq \frac{K_2(V_{DD} - V_{T2})^2}{2K_1(V_{DD} - V_{T1})} \tag{4.12}$$

となる．

一方，出力がHレベルの時の電圧V_{OH}は，式(4.10)において$I_D = 0$とすれば求めることができ，

$$V_{OH} = V_{DD} - V_{T2} \tag{4.13}$$

となる．したがって，図4.5(a)の回路の論理振幅V_{swing}を

$$V_{swing} = V_{DD} - V_{T2} - \frac{K_2(V_{DD} - V_{T2})^2}{2K_1(V_{DD} - V_{T1})} \tag{4.14}$$

と求めることができる．この式から，トンラスコンダクタンスパラメータK_1をK_2に対して十分大きくすることにより，V_{swing}は$V_{DD} - V_{T2}$に近づくことがわかる．トランスコンダクタンスパラメータはチャネル幅とチャネル長の比に比例するので，集積回路上で2個のトランスコンダクタンスパラメータの比を大きくすることは，抵抗値を大きくするよりも一般に容易である．

[問4.3] 式(4.14)から，エンハンスメント型トランジスタ負荷NOT回路の論理振幅を求めよ．ただし，電源電圧V_{DD}を3Vとし，トランジスタM_1，M_2のチャネル幅並びにチャネル長はそれぞれ，$W_1 = 20\mu m$, $W_2 = 2\mu m$, $L_1 = 2\mu m$, $L_2 = 20\mu m$，単位トランスコンダクタンスパラメータとしきい電圧は共に$20\mu S/V$と0.3Vとする．

4.2.3 ディプリーション型トランジスタ負荷 NOT 回路

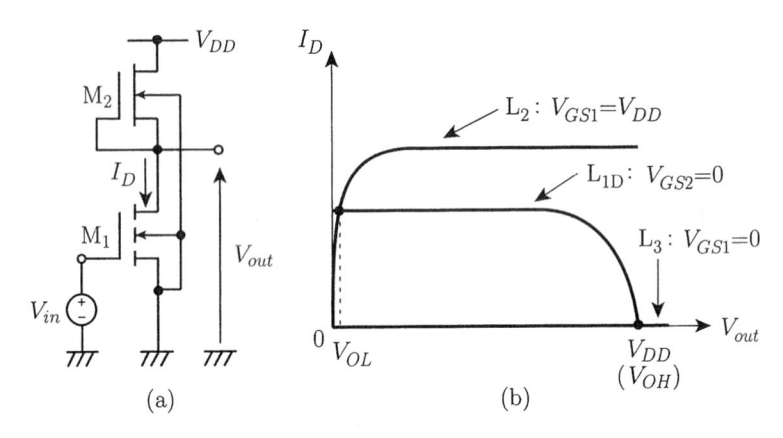

図 4.6 ディプリーション型トランジスタ負荷 NOT 回路の動作特性

図 4.6(a) の回路は，図 4.5(a) の回路と同様に，抵抗負荷 NOT 回路の欠点を解決するためにディプリーション型 MOS トランジスタを負荷として用いた NOT 回路である．図 4.5(a) では，図 4.5(b) の曲線 L_{1E} からわかるように，V_{out} が大きくなると，I_D が急激に減少する．実際の集積回路では構造上の理由から端子間や端子と接地間に寄生容量が生じるため，I_D が急激に減少するということは出力端子に付随する寄生容量への充電に時間がかかることを意味する．すなわち，エンハンスメント型トランジスタ負荷 NOT 回路では V_{out} が V_{OL} から V_{OH} へ変化する際の応答が遅くなる．また，これ以外にも，H レベルの電圧が電源電圧からしきい電圧分だけ低くなるという問題点もある．図 4.6(a) の回路では，ディプリーション型 MOS トランジスタを用いることにより，これらの問題点を解決している．

図 4.6(a) のトランジスタ M_2 のゲート・ソース間電圧 V_{GS2} は常に 0V であり，またドレイン・ソース間電圧 V_{DS2} は

$$V_{DS2} = V_{DD} - V_{out} \tag{4.15}$$

である．このことを考慮し，トランジスタ M_1 と M_2 の特性を図示すると図 4.6(b) となる．この図の曲線 L_{1D} から明らかなように，出力電圧 V_{out} が大きくなって

もドレイン電流はほぼ一定値を保つので，出力端子に付随する寄生容量への充電も速やかに行われる．また，M_2に流れるドレイン電流I_Dは

$$I_D = 2K_2 \left(0 - V_{T2} - \frac{V_{DD} - V_{out}}{2}\right)(V_{DD} - V_{out}) \tag{4.16}$$

であり，V_{OH}はI_Dが零の時のV_{out}であるから，

$$V_{OH} = V_{DD} \tag{4.17}$$

となる．一方，V_{OL}は，V_{in}がV_{DD}の時の出力電圧であり，図4.6(b)からトランジスタM_1は非飽和領域で，トランジスタM_2は飽和領域で動作しているので

$$I_D = 2K_1 \left(V_{DD} - V_{T1} - \frac{V_{OL}}{2}\right) V_{OL} = K_2(-V_{T2})^2 \tag{4.18}$$

を満足しなければならない．これを解くとV_{OL}は

$$V_{OL} = V_{DD} - V_{T1} - \sqrt{(V_{DD} - V_{T1})^2 - \frac{K_2}{K_1}V_{T2}^2} \tag{4.19}$$

となる．したがって，論理振幅V_{swing}を

$$V_{swing} = V_{T1} + \sqrt{(V_{DD} - V_{T1})^2 - \frac{K_2}{K_1}V_{T2}^2} \tag{4.20}$$

と求めることができる．エンハンスメント型MOSトランジスタを負荷に用いたNOT回路の場合と同様に，トンラスコンダクタンスパラメータK_1をK_2に対して十分大きくすることにより，V_{swing}を大きくすることができる．しかも，図4.6(a)の回路の場合はV_{swing}をほぼV_{DD}とすることができる．

[問4.4] 式(4.20)からディプリーション型トランジスタ負荷NOT回路の論理振幅を求めよ．ただし，電源電圧V_{DD}を3Vとし，トランジスタM_1，M_2のチャネル幅並びにチャネル長はそれぞれ，W_1=20μm，W_2=2μm，L_1=2μm，L_2=20μm，しきい電圧はそれぞれ，V_{T1}=0.3V，$V_{T2} = -0.3$Vとし，単位トランスコンダクタンスパラメータは共に20μS/Vとする．

4.2.4 CMOS NOT回路

図4.5(a)と図4.6(a)の回路はともに，入力電圧V_{in}がしきい電圧V_Tよりも小さければ電流が流れないが，V_{in}がV_Tよりも大きい場合にはドレイン電流が流れ続けるため，電力が消費される．電力の消費を少なくするためには，回路がHレベルやLレベルに定まった状態ではドレイン電流が流れない工夫が必要

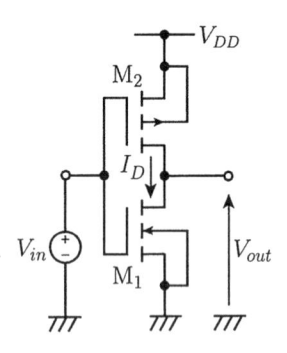

図 4.7 CMOS NOT 回路

である．消費電力を低減するために，nチャネル MOS トランジスタだけでなく，pチャネル MOS トランジスタも用いた NOT 回路が図 4.7 に示す **CMOS NOT 回路**である．「CMOS」とは，「Complementary（相補的な）MOS トランジスタ」の略であり，nチャネル MOS トランジスタとpチャネル MOS トランジスタが相補的に動作していることを意味する．

図 4.7 において，電源電圧 V_{DD} が n チャネル MOS トランジスタと p チャネル MOS トランジスタのしきい電圧の絶対値の和よりも大きいと仮定する．入力電圧 V_{in} が n チャネル MOS トランジスタのしきい電圧よりも低い場合には M_1 がオフし，M_2 がオンする．このとき，M_1 のドレイン・ソース間電圧−ドレイン電流特性は図 4.8(a) の直線 L_{n1} となり，M_2 のそれは曲線 L_{p1} となる．したがって，L_{n1} と L_{p1} の交点である点 P_1 は H レベルの出力電圧 V_{OH} に対応し，V_{OH} が電源電圧 V_{DD} と等しいことがわかる．

V_{in} が M_1 のしきい電圧よりも大きくなると，M_1 に電流が流れ始め，M_1 のドレイン・ソース間電圧−ドレイン電流特性は図 (a) の L_{n1} から図 (b) の L_{n2} へと変化する．一方，V_{in} が大きくなると，p チャネル MOS トランジスタである M_2 に加わるゲート・ソース間電圧の絶対値が小さくなるためドレイン電流が減少し，M_2 のドレイン・ソース間電圧−ドレイン電流特性は図 (a) の L_{p1} から図 (b) の L_{p2} へと変化する．したがって，出力電圧 V_{out} は点 P_2 に対応する値となる．

4.2 MOSトランジスタによるNOT回路

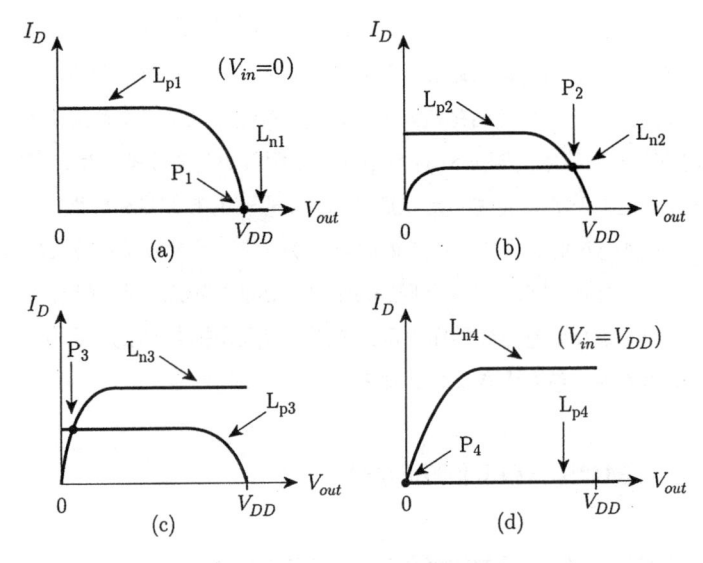

図4.8 CMOS NOT 回路の特性

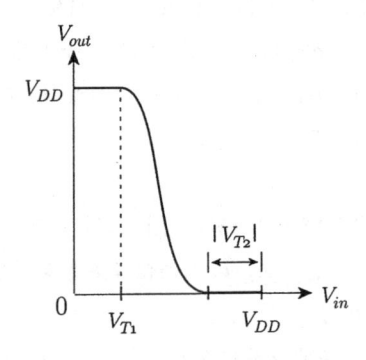

図4.9 CMOS NOT 回路の入出力特性

V_{in} がさらに増加すると，M_1 のドレイン・ソース間電圧-ドレイン電流特性は L_{n2} から図 (c) の L_{n3} を経て図 (d) の L_{n4} へと変化し，一方 M_2 のドレイン・ソース間電圧-ドレイン電流特性は L_{p2} から図 (c) の L_{p3} を経て図 (d) の L_{p4} へと変化する．この結果，出力電圧も点 P_2 に対応する値から P_3 を経て P_4 に

対応する値に変化する．図 (d) は，V_{DD} と V_{in} の差が M_2 のしきい電圧の絶対値よりも小さくなった場合を表しており，M_2 がオフしている．また，点 P_4 は L レベルの出力電圧 V_{OL} に対応し，V_{OL} が 0V であることがわかる．

以上から，CMOS NOT 回路の入出力特性の概略を図示すると図 4.9 となる．CMOS NOT 回路は，図 4.8(a) や (d) から明らかなように，出力電圧が H レベルまたは L レベルに定まった状態では，n チャネル MOS トランジスタまたは p チャネル MOS トランジスタのどちらか一方がオフしているため電流は流れない．このため，CMOS 論理回路は図 4.1 や図 4.5(a)，図 4.6(a) の回路と比較して極めて少ない電力で動作する．また，論理振幅も V_{DD} であり，4 種類の NOT 回路の中で最も大きな値となる．

4.3 CMOS NOT 回路の解析

CMOS NOT 回路は論理振幅が大きく，定常状態では電力を消費しないため，実用上極めて有用である．ここでは，配線による寄生容量や他の論理回路との接続による寄生容量などを考慮し，出力に容量 C_P を付加した CMOS NOT 回路について，方形波入力信号が加えられた場合の出力応答や消費電力，平均伝搬遅延時間について詳細に解析を行う．

4.3.1 パルス応答

まず，図 4.10 の CMOS NOT 回路に，図 4.11 に示す方形波 $V_{in}(t)$ が加わった際の応答を求める．ただし，$V_{in}(t)$ の振幅は電源電圧と同じ V_{DD} とする．

(1) 出力の立ち下がり

初め V_{in} は 0V であり，定常状態にあるとする．したがって，V_{in} が 0V から V_{DD} になる前の出力電圧 V_{out} の値は電源電圧 V_{DD} に等しい．この状態で V_{in} が 0V から V_{DD} に切り替わったとすると，トランジスタ M_2 はオフし，M_2 のドレイン電流は零となる．また，トランジスタ M_1 は $V_{DSn} \geq V_{GSn} - V_{Tn}$ を満たす範囲では飽和領域で，$V_{DSn} < V_{GSn} - V_{Tn}$ を満たす範囲では非飽和領域で動作する．ただし，V_{Tn} は n チャネル MOS トランジスタのしきい電圧で

4.3 CMOS NOT 回路の解析

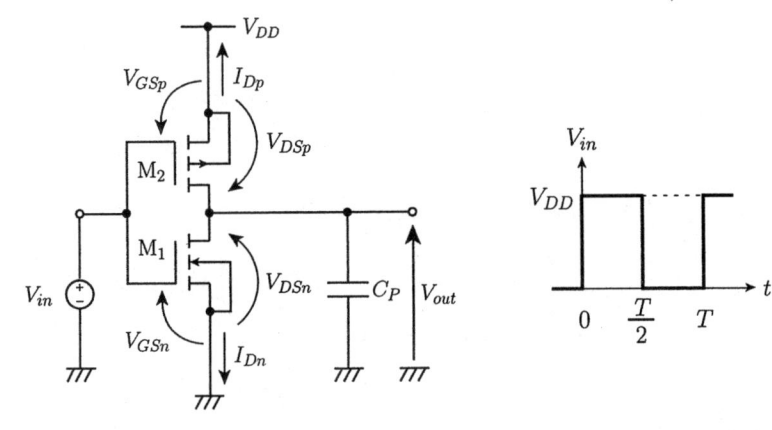

図 4.10 CMOS NOT 回路

図 4.11 方形波入力信号

ある．n チャネル MOS トランジスタのトランスコンダクタンスパラメータを K_n とすると M_1 が飽和領域にある範囲において I_{Dn} は

$$I_{Dn} = K_n(V_{GSn} - V_{Tn})^2 = K_n(V_{DD} - V_{Tn})^2 \tag{4.21}$$

である．したがって，V_{in} が 0V から V_{DD} に切り替わってから t 秒後の出力電圧 $V_{out}(t)$ を

$$V_{out}(t) = V_{DD} - \frac{I_{Dn}}{C_P} t \tag{4.22}$$

と求めることができる．

トランジスタ M_1 の動作領域が飽和領域から非飽和領域に移る瞬間は，$V_{out}(t)$，すなわち V_{DSn} が $V_{GSn} - V_{Tn} = V_{DD} - V_{Tn}$ に達した時刻である．式 (4.21) および式 (4.22) から，その時刻 τ_{sat} は

$$\tau_{sat} = \frac{C_P}{K_n(V_{DD} - V_{Tn})^2} V_{Tn} \tag{4.23}$$

となる．

次に，時間が経過し，トランジスタ M_1 の動作領域が飽和領域から非飽和領域に移った場合について考える．トランジスタ M_1 が非飽和領域で動作している場合の I_{Dn} は

$$I_{Dn} = 2K_n \left(V_{GSn} - V_{Tn} - \frac{V_{DSn}}{2} \right) V_{DSn}$$

$$= 2K_n \left(V_{DD} - V_{Tn} - \frac{V_{out}}{2} \right) V_{out} \tag{4.24}$$

である．ここで，新たにトランジスタ M_1 の動作領域が飽和領域から非飽和領域に移った瞬間の時刻を基準として $t=0$ と考えると，t 秒後の $V_{out}(t)$ は

$$V_{out}(t) = V_{GSn} - V_{Tn} - \frac{1}{C_P} \int_0^t I_{Dn} d\tau$$
$$= V_{DD} - V_{Tn} - \frac{1}{C_P} \int_0^t 2K_n \left(V_{DD} - V_{Tn} - \frac{V_{out}(\tau)}{2} \right) V_{out}(\tau) d\tau \tag{4.25}$$

となる．この式を t について微分し，整理すると

$$\frac{1}{2(V_{DD} - V_{Tn} - \frac{V_{out}}{2})V_{out}} \cdot \frac{dV_{out}}{dt} = -\frac{K_n}{C_P} \tag{4.26}$$

を得る．さらに，式 (4.26) を変形すると

$$\int \frac{1}{2(V_{DD} - V_{Tn} - \frac{V_{out}}{2})V_{out}} dV_{out}$$
$$= \frac{1}{2(V_{DD} - V_{Tn})} \int \left(\frac{1}{V_{out}} - \frac{1}{V_{out} - 2V_{DD} + 2V_{Tn}} \right) dV_{out}$$
$$= -\frac{1}{C_P} \int K_n dt \tag{4.27}$$

となる．$\int \frac{1}{x} dt = \ln|x| + \text{Const.}$ であることを利用してこの式を解くと，$V_{out}(t)$ は

$$\left| \frac{V_{out}(t)}{V_{out}(t) - 2V_{DD} + 2V_{Tn}} \right| = Ae^{-2\frac{K_n}{C_P}(V_{DD} - V_{Tn})t} \tag{4.28}$$

となる．ただし，A は定数であり，指数関数の性質から正でなければならない．

$V_{out}(t)$ が $V_{out}(t) > 2(V_{DD} - V_{Tn})$ の場合や $V_{out}(t) < 0$ の場合は絶対値記号がそのままはずせ，それを $V_{out}(t)$ について解くと

$$V_{out}(t) = \frac{-2Ae^{-2\frac{K_n}{C_P}(V_{DD} - V_{Tn})t}}{1 - Ae^{-2\frac{K_n}{C_P}(V_{DD} - V_{Tn})t}} (V_{DD} - V_{Tn}) \tag{4.29}$$

となる．$t=0$ のときの $V_{out}(t)$ が $V_{DD} - V_{Tn}$ であることから，$A = -1$ となる．しかし，A は正の定数という条件があるため，$V_{out}(t)$ は $V_{out}(t) > 2(V_{DD} - V_{Tn})$ や $V_{out}(t) < 0$ ではないことがわかる．そこで，$V_{out}(t)$ が

$$2(V_{DD} - V_{Tn}) > V_{out}(t) > 0 \tag{4.30}$$

の範囲にあるとする．この場合，式 (4.28) の左辺の絶対値記号内の項にマイナスの符号を付けて絶対値記号をはずし，この結果から $V_{out}(t)$ を

$$V_{out}(t) = \frac{2Ae^{-2\frac{K_n}{C_P}(V_{DD}-V_{Tn})t}}{1+Ae^{-2\frac{K_n}{C_P}(V_{DD}-V_{Tn})t}}(V_{DD}-V_{Tn}) \tag{4.31}$$

と求めることができる．また，$t=0$ のときの $V_{out}(t)$ が $V_{DD}-V_{Tn}$ であることから $A=1$ となり，A が正の定数であるという条件を満足する．

[問 4.5] 図 4.10 において，$V_{DD} = 3.0$ V, $K_n = 200$ μS/V, $V_{Tn} = 0.3$ V, $C_P = 0.1$ pF として，立ち下がり時間（出力が $\frac{9V_{DD}}{10}$ から $\frac{V_{DD}}{10}$ になるまでの時間）を求めよ．

(2) 出力の立ち上がり

初め V_{in} は V_{DD} であり，定常状態にあるとする．したがって V_{in} が V_{DD} から 0V になる前の出力 V_{out} の値は 0V である．この状態で V_{in} が V_{DD} から 0V に切り替わったとするとトランジスタ M_1 はオフしており，トランジスタ M_2 から容量 C_P に電流 $-I_{Dp}$ が供給される．ただし，マイナスの符号は，図 4.10 に示す向きにトランジスタ M_2 のドレイン電流の向きを定めたためである．これ以降の解析は出力の立ち下がり時の解析と同様である．すなわち，トランジスタ M_2 が飽和領域にある間の出力電圧 V_{out} は

$$V_{out}(t) = -\frac{I_{Dp}}{C_P}t \tag{4.32}$$

と表される．ただし，

$$I_{Dp} = -K_p(V_{in}-V_{DD}-V_{Tp})^2 = -K_p(-V_{DD}-V_{Tp})^2 \tag{4.33}$$

であり，K_p と V_{Tp} はそれぞれ p チャネル MOS トランジスタのトランスコンダクタンスパラメータとしきい電圧である．また，トランジスタ M_2 が飽和領域から非飽和領域に移る瞬間の出力電圧 $V_{out}(t)$ は，$|V_{Tp}|$ であり，この時刻を新たに $t=0$ とすると，M_2 が非飽和領域にある間の $V_{out}(t)$ は

$$V_{out}(t) = V_{DD} - \frac{2e^{-2\frac{K_p}{C_P}(V_{DD}+V_{Tp})t}}{1+e^{-2\frac{K_p}{C_P}(V_{DD}+V_{Tp})t}}(V_{DD}+V_{Tp}) \tag{4.34}$$

と表される．

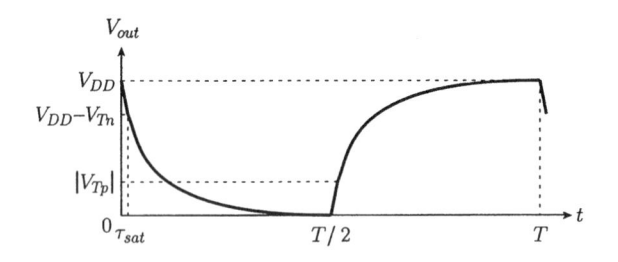

図 **4.12** CMOS NOT 回路の出力波形

出力電圧 V_{out} の立ち下がり時間や立ち上がり時間と比べて周期 T が十分大きい場合，CMOS NOT 回路の出力電圧の概形は図 4.10 となる．

［問 4.6］ $V_{DD}=3.0\mathrm{V}$, $K_p=120\mu\mathrm{S/V}$, $V_{Tp}=-0.3\mathrm{V}$, $C_P=0.1\mathrm{pF}$ として，立ち上がり時間（出力が $\frac{V_{DD}}{10}$ から $\frac{9V_{DD}}{10}$ になるまでの時間）を求めよ．

4.3.2 平均伝搬遅延時間

一般に論理回路において，パルスに対する応答に関して問題となるのは立ち上がり時間や立ち下がり時間ではなく，平均伝搬遅延時間である．平均伝搬遅延時間は経験的に立ち上がり時間と立ち下がり時間の和に比例することが知られている．

一方，式 (4.21), (4.22) および式 (4.31) から立ち下がり時間 t_f は寄生容量 C_P とトランスコンダクタンスパラメータ K_n の比に比例する．すなわち，

$$t_f \propto \frac{C_P}{K_n} \tag{4.35}$$

である．同様に，立ち上がり時間 t_r は

$$t_r \propto \frac{C_P}{K_p} \tag{4.36}$$

となる．したがって，平均伝搬遅延時間 t_{pd} が，立ち上がり時間と立ち下がり時間の和に比例するとすると，t_{pd} は

$$t_{pd} \propto t_f + t_r \propto C_P \left(\frac{1}{K_n} + \frac{1}{K_p} \right) \tag{4.37}$$

となる．ただし，$V_{Tn} = -V_{Tp}$ と仮定している．

ここで，平均伝搬遅延時間を決定する要因の一つである寄生容量 C_P について

4.3 CMOS NOT 回路の解析

考える．C_Pは，CMOS NOT 回路を構成している 2 個の MOS トランジスタのドレイン端子と基板または電源 V_{DD} との間に存在する接合容量 C_J, NOT 回路に接続される他の論理回路の入力容量であるゲートと基板間容量 C_G, NOT 回路と他の論理回路との間を繋ぐ配線によって生じる容量 C_W からなる．すなわち，

$$C_P = C_J + C_G + C_W \tag{4.38}$$

である．接合容量 C_J はドレインを形成している領域の面積に比例[†]し，また，この領域のチャネル長方向の長さは通常一定であるため，チャネル幅に比例することになる．ゲート・基板間容量 C_G はチャネルの面積に比例する容量である．また，配線容量 C_W は配線幅や配線長から定まり，チャネル幅やチャネル長とは無関係である．

次に，平均伝搬遅延時間を最小にするための MOS トランジスタのチャネル幅およびチャネル長の条件を求める．問題を簡単にするために，n チャネル MOS トランジスタと p チャネル MOS トランジスタのそれぞれのチャネル幅とチャネル長が等しい 2 組の NOT 回路が縦続接続されており，また，これらは近接しているため配線容量 C_W は無視することができるものとする．式 (4.37) から，寄生容量の値を小さくすれば平均伝搬遅延時間も小さくなる．まず，C_G を小さくするためには，MOS トランジスタのチャネル長はプロセス精度から定まる最小値とすればよい．また，C_J はチャネル幅だけに依存する．したがって，C_J と C_G ともにチャネル幅だけに依存するので，以下ではチャネル幅の最適値について考える．

式 (4.37) から平均伝搬遅延時間 t_{pd} は立ち上がり時間と立ち下がり時間の和に比例し，トランスコンダクタンスパラメータ K は

$$K = \frac{1}{2}\mu C_{OX} \frac{W}{L} \tag{4.39}$$

と表されるので，チャネル幅 W とキャリアの実効移動度 μ との積に比例する．

[†] 第 2 章演習問題 (6) 参照

したがって

$$t_{pd} \propto C_P \left(\frac{1}{K_n} + \frac{1}{K_p} \right)$$

$$\propto (W_n + W_p) \left(\frac{1}{\mu_n W_n} + \frac{1}{\mu_p W_p} \right)$$

$$= \frac{1}{\mu_n} \left(1 + \gamma + \gamma x + \frac{1}{x} \right) \tag{4.40}$$

となる．ただし，K_i, W_i, μ_i (i は n または p) はそれぞれ n チャネルまたは p チャネル MOS トランジスタのトランスコンダクタンスパラメータ，チャネル幅，キャリアの実効移動度である．また，γ は n チャネル MOS トランジスタと p チャネル MOS トランジスタのキャリアの実効移動度の比で

$$\gamma = \frac{\mu_n}{\mu_p} \simeq 2.5 \sim 3.0 \tag{4.41}$$

であり，x は n チャネル MOS トランジスタと p チャネル MOS トランジスタのチャネル幅の比で

$$x = \frac{W_n}{W_p} \tag{4.42}$$

である．式(4.40)において γ や μ_n はプロセスから定まる定数であるため，設計の際に選ぶことのできる変数は x だけである．ところで，相加・相乗平均に関する不等式より，任意の正数 a と b の和に関して

$$a + b \geq 2\sqrt{ab} \tag{4.43}$$

が成り立ち，等号が成立するのは a と b が等しいときである．したがって，$a = \gamma x$, $b = \frac{1}{x}$ とおくと，$ab = \gamma$ の関係より式(4.40)で表される平均伝搬遅延時間を最小とするには，x の値を

$$\gamma x = \frac{1}{x} \tag{4.44}$$

とすればよい．すなわち，最適な x は

$$x = \frac{1}{\sqrt{\gamma}} \simeq 0.632 \sim 0.577 \tag{4.45}$$

であることがわかる．したがって，p チャネル MOS トランジスタのチャネル幅 W_p を n チャネル MOS トランジスタのチャネル幅 W_n の $\sqrt{\gamma}$ 倍，すなわち，約 $1.58 \sim 1.73$ 倍となるように設計すればよい．このように，配線容量を無視

できる場合は，チャネル幅の比が平均伝播遅延時間に影響し，チャネル幅の絶対値は問題にならない．

上述の解析では配線容量を無視しているが，配線長が長い場合には配線容量も問題になることも多い．配線による寄生容量の値はその幅と長さで定まり，MOSトランジスタのチャネル幅やチャネル長とは無関係である．したがって，式(4.35)や(4.36)から明らかなように，配線容量が無視できない場合は，チャネル幅の比を式(4.45)で与えられる値に固定しつつトランスコンダクタンスパラメータ，すなわちチャネル幅を大きくすることにより，平均伝搬遅延時間を小さくすればよい．

[問4.7] $W_n=1.0\mu m$, $\mu_n=0.060 m^2 V^{-1} s^{-1}$, $\mu_p=0.026 m^2 V^{-1} s^{-1}$ のとき，平均伝搬遅延時間が最小となるpチャネルMOSトランジスタのチャネル幅W_pを求めよ．ただし，配線容量は無視してよい．

4.3.3 消費電力

CMOS論理回路は，出力電圧がHレベルまたはLレベルに定まった状態では，nチャネルMOSトランジスタまたはpチャネルMOSトランジスタのいずれかが遮断領域にあるため，電流が流れず，電力を消費しない．しかし，出力電圧がLレベルからHレベルへ，またはHレベルからLレベルへと変化する過渡的な状態では，電源からpチャネルMOSトランジスタ及びnチャネルMOSトランジスタを経て接地端子へと電流が流れる．この電流を**貫通電流**と呼ぶ．貫通電流以外にも，図4.10の寄生容量C_Pに電荷を充放電するために，入力の立ち下がり時には電源からC_Pへ，入力の立ち上がり時にはC_Pから接地端子へと電流が流れる．入力の立ち上がり時間や立ち下がり時間が十分短い場合，貫通電流は小さいため無視でき，C_Pへの電荷を充放電するための電流が支配的となる．

ここでは，貫通電流は無視できるものとし，図4.10においてC_Pを充放電するために必要となる電力を求める．そこで4.3.1節の場合と同様に，図4.11に示す振幅V_{DD}, 周期Tの方形波がV_{in}として図4.10のCMOS NOT回路に加えられているとする．このとき一周期の前半には容量から接地端子へ電流I_{Dn}

が流出し，nチャネルMOSトランジスタにおいてエネルギーが消費される．このエネルギーをE_nとすると

$$E_n = \int_0^{\frac{T}{2}} I_{Dn}V_{out}dt \tag{4.46}$$

となる．また，一周期の後半には電源から容量へ電流$-I_{Dp}$が流れ込み，pチャネルMOSトランジスタにおいてエネルギーが消費される．そのエネルギーをE_pとすると，E_pは

$$E_p = \int_{\frac{T}{2}}^{T} -I_{Dp}(V_{DD} - V_{out})dt \tag{4.47}$$

となる．式(4.46)及び(4.47)から図4.10の回路が消費する電力の平均値P_Dは

$$P_D = \frac{1}{T}(E_n + E_p) \tag{4.48}$$

と与えられる．ここで，電流$-I_{Dp}$やI_{Dn}は容量に流入，流出する電流であるから一周期の前半，後半それぞれにおいて

$$I_{Dn} = -C_P \frac{dV_{out}}{dt} \tag{4.49}$$

$$-I_{Dp} = C_P \frac{dV_{out}}{dt} \tag{4.50}$$

が成り立つ．これらの式を式(4.48)に代入すると

$$P_D = \frac{1}{T}\left\{\int_{V_{DD}}^{0} -C_P V_{out} dV_{out} + \int_0^{V_{DD}} C_P(V_{DD} - V_{out})dV_{out}\right\}$$

$$= \frac{C_P}{T}V_{DD}^2 \tag{4.51}$$

が得られる．また，式(4.51)は周波数fが周期Tの逆数であることから

$$P_D = C_P f V_{DD}^2 \tag{4.52}$$

と表すこともできる．この式からCMOS NOT回路の消費電力は，寄生容量，動作周波数に比例し，また電源電圧に関してはその2乗に比例して増加することがわかる．

[問4.8] C_P=0.1pF，T=10ns，V_{DD}=3.0Vであるとき，貫通電流が無視できるとして，式(4.51)から図4.10の回路の消費電力を求めよ．

4.4 NMOS 論理回路

NMOS 論理回路は，n チャネル MOS トランジスタだけを用いて構成された論理回路である．自由電子の移動度はホールの移動度よりも大きいため，n チャネル MOS トランジスタの応答速度は p チャネル MOS トランジスタのそれよりも速い．このため，NMOS 論理回路は一般に CMOS 論理回路よりも応答が速いという特長を有している．以下では，各種の NMOS 論理回路の構成について説明する．

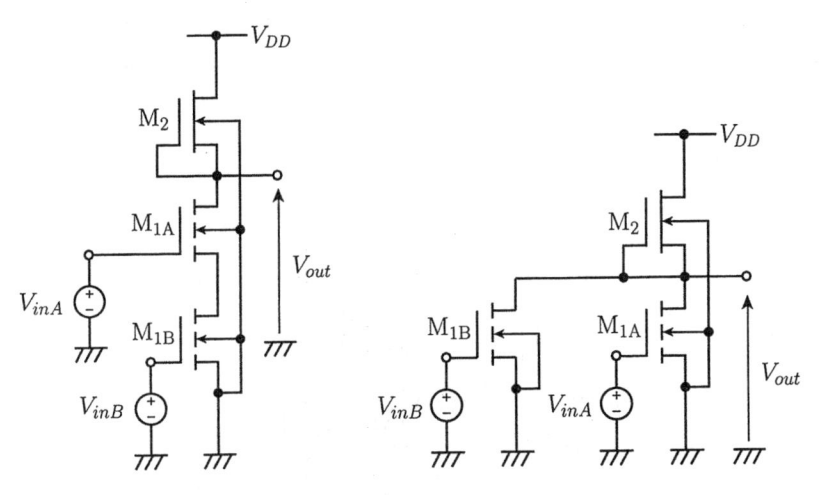

図 4.13　NMOS NAND 回路　　　　図 4.14　NMOS NOR 回路

4.4.1　NAND 回路と NOR 回路

NMOS 論理回路による NAND 回路と NOR 回路の構成例をそれぞれ図 4.13 と図 4.14 に示す．NMOS 論理回路では負荷としてディプリーション型 MOS トンランジスタを用いている．NAND 回路では論理積の機能を実現するために入力が加えられるトランジスタを縦積み†にし，これらのトランジスタのい

---

† 次頁脚注参照．

ずれかがオフすることにより，出力電圧がHレベルとなる回路構造になっている．また，入力が加えられている2個のトランジスタがいずれもオンすると，出力電圧はLレベルとなる．3入力や4入力のNAND回路を実現するためには，入力が加えられる縦積みのトランジスタの数を3個，4個と増やせばよい．

一方，NOR回路では，入力が加えられるトランジスタを横並びにし，全てのトランジスタがオフしている場合だけ出力電圧がHレベルとなり，いずれか一方でもオンしている場合には出力電圧がLレベルとなる回路構造になっている．NAND回路と同様に，入力が加えられるトランジスタの数を増やすことにより，多入力のNOR回路を容易に実現することができる．

4.4.2 複合論理回路

NMOS NAND回路とNOR回路の実現方法を拡張すれば，様々な論理回路をnチャネルMOSトランジスタだけを用いて実現することができる．たとえ

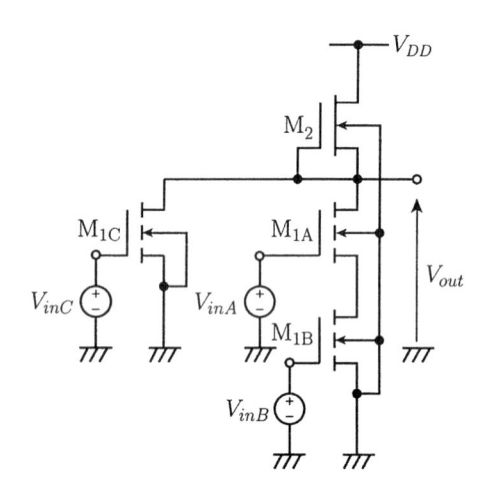

図4.15 複合論理回路

本書では，MOSトランジスタのドレイン端子に，他のMOSトランジスタのソース端子を接続することを**縦積み**と呼ぶことにする．これに対し，複数のMOSトランジスタのドレイン端子が共通の節点に接続され，ソース端子も共通の節点に接続されることを**横並び**と呼ぶことにする．特に，横並びは，ゲート端子はそれぞれ別になっているので，並列接続とは異なる．

ば図 4.15 では，縦積みとなっている 2 個のトランジスタに，1 個のトランジスタが横並びとなっている．NAND 回路や NOR 回路の動作の説明からわかるように，入力電圧 V_{inA}, V_{inB}, V_{inC} をそれぞれ論理変数 A, B, C に対応させ，出力電圧 V_{out} を論理変数 Y に対応させると，A と B の論理積の結果と C の論理和の否定が Y となる．すなわち，出力 Y は

$$Y = \overline{AB + C} \tag{4.53}$$

と表される．

このように入力が加えられるトランジスタを適当に組み合せることにより簡単に様々な論理回路を実現できる．このような回路を**複合論理回路**と呼ぶ．

4.4.3 NMOS ダイナミック論理回路

NMOS 論理回路の最大の問題点として消費電力が挙げられる．この問題を解決するために考え出された回路が **NMOS ダイナミック論理回路**である．NMOS ダイナミック論理回路では，CMOS 論理回路と同様に，回路の出力が安定した状態では電流が流れず，電力を消費しない回路構造となっている．以下では，NMOS ダイナミック論理回路の動作について述べる．

(1) トランスファゲート

MOS トランジスタは，近似的にゲート・ソース間の電圧によって制御されるスイッチと考えることができる．たとえば，n チャネル MOS トランジスタの場合，ゲートの電位が十分高く，非飽和領域あるいは飽和領域にあるときはドレイン電流が流れるが，ゲートの電位が低く，ゲート・ソース間電圧がしきい電圧以下となると遮断領域に入り，ドレイン電流は流れない．信号を伝えるためのスイッチとして動作する MOS トランジスタを特に**トランスファゲート**と呼ぶ．図 4.16 にトランスファゲートを用いた論理回路の一部を示す．トランスファゲートのゲート端子に加えられる制御電圧 ϕ のことを**クロック信号**または**同期信号**と呼ぶ．また，容量 C_P は M_1 のゲート端子と基板間に存在する寄生容量である．

クロック信号 ϕ が H レベルの時にトランジスタ M_2 はオンし，この M_2 を通じて電流が C_P に供給され，V_0 と V_1 が一致する．クロック信号 ϕ が L レベル

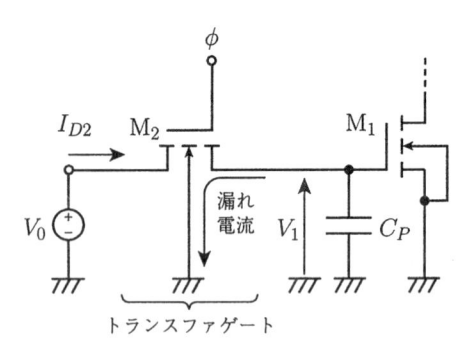

図 4.16 トランスファゲートを用いた論理回路の原理

になると，トランジスタ M_2 はオフするので，電荷が C_P によって保持される．このため電圧 V_1 も一定値に保たれる．このように，寄生容量 C_P が信号電圧を記憶するメモリとして使われている．

トランスファゲートでは，ドレイン端子やソース端子と基板との間の pn 接合が逆方向バイアスされているものの，僅かではあるが，電流が流れる．この漏れ電流のため，寄生容量 C_P に記憶されていた電圧が徐々に変化する．この変化を防ぐためには，再度クロック信号を H レベルとし，V_1 を V_0 に一致させればよい．このように，電圧の変化を防ぎ，希望の値を保持するためにクロック信号を与える動作をリフレッシュと呼んでいる．

[問 4.9] 図 4.16 において，トランスファゲートが遮断した瞬間の V_1 が 2.7V であったとする．漏れ電流が 1.0fA であるとすると，何秒後にトランジスタ M_1 のドレイン電流が零となるか．ただし，寄生容量 C_P を 0.1pF，トランジスタ M_1 のしきい電圧を 0.3V とする．

(2) ダイナミック論理回路の構成

図 4.17 にダイナミック論理回路の例を示す．図 4.17 は NOR 回路である．クロック信号 ϕ が H レベルのときトランジスタ M_2, M_3 がオンし，入力電圧 V_{inA} と V_{inB} によって V_0 が定まる．V_0 と V_1 との大小関係に応じ，トランスファゲートである M_2 を通して次段の入力部のトランジスタ M'_1 の寄生容量 C_P が充電または放電される．この結果，V_1 は V_0 に一致する．次に，ϕ を L レベルにする

4.4 NMOS 論理回路

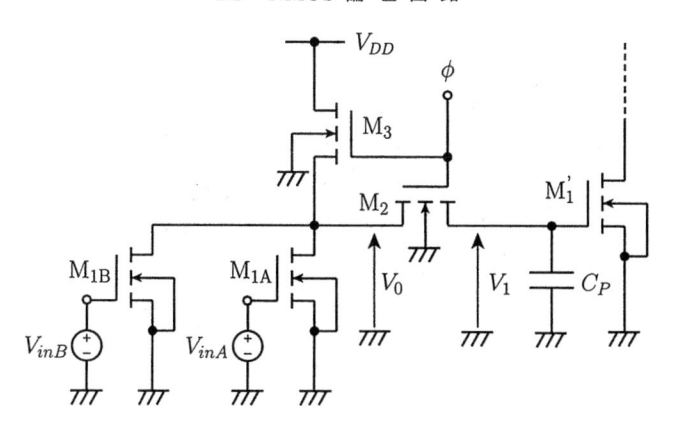

図 4.17 ダイナミック論理回路の例（NOR 回路）

と M_2 と M_3 が遮断領域に入り，電圧 V_1 は C_P によって保持される．M_2 や M_3 に電流が流れないため，トランジスタ M_{1A} や M_{1B} にも電流は流れない．このように，C_P を充放電するときのみ電流が流れ，定常状態では，出力のレベルにかかわらず，電流が流れない．このため，ダイナミック論理回路は NMOS 論理回路と比べて消費電力を低減することができる．

図 4.16 や図 4.17 のように，トランスファゲートを n チャネル MOS トランジスタだけで構成すると，V_0 の電位が高い場合に，トランスファゲートに電流が流れにくくなり，V_1 が定まるのに時間がかかるという問題がある．また，V_0 が V_{DD} に等しい場合，V_1 はどんなに時間が経過しても V_{DD} には収束しない．p チャネル MOS トランジスタだけをトランスファゲートに用いた場合にも同様の問題が起こる．V_0 の電位が低い場合に，トランスファゲートに電流が流れにくくなり，V_1 が確定するのに時間がかかる．また，V_0 が 0V の場合，V_1 は 0V とはならない．

そこで，図 4.18(a) に示すように n チャネル MOS トランジスタと p チャネル MOS トランジスタを組み合わせれば，V_0 の電位が高い場合は p チャネル MOS トランジスタの働きにより，V_0 の電位が低い場合は n チャネル MOS トランジスタの働きにより V_1 を速やかに V_0 に等しくすることができる．このよ

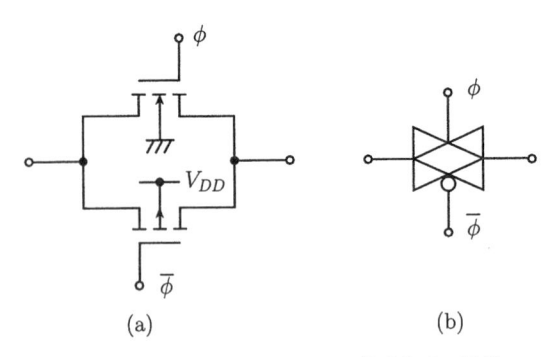

図 4.18 トランスファゲートの構成とその記号

うな理由から，一般にトランスファーゲートとして，nチャネルトランジスタまたはpチャネルトランジスタを単体では使用せず，これらを組み合わせた図 4.18(a) をトランスファゲートとして用いる．ただし，$\overline{\phi}$ は，ϕ が H レベルのとき L レベルであり，ϕ が L レベルのとき H レベルであるクロック信号を表している．また，同図 (b) はトランスファゲートの記号である．

4.5 CMOS 論理回路

CMOS 論理回路は，NMOS 論理回路と異なり，出力の電位が定まった状態では電力を消費しない．このため極めて消費電力が低い．また，集積化プロセスの発展により動作速度も向上し，CMOS 論理回路は幅広い分野で用いられている．ここでは，NOT 回路以外の CMOS 論理回路の代表的な構成について述べる．

4.5.1 NAND 回路と NOR 回路

図 4.19 に CMOS NAND 回路を示す．図 4.19では，入力電圧 V_{inA} 並びに V_{inB} が H レベルであれば，p チャネル MOS トランジスタはいずれもオフしているため，電源 V_{DD} が電気的に出力端子から分離される．一方，n チャネル MOS トランジスタの M_{1A} 及び M_{1B} は共にオンしている．このことを等価回路で表すと図 4.20(a) となり，出力電圧 V_{out} が L レベルとなることがわかる．

4.5 CMOS 論理回路

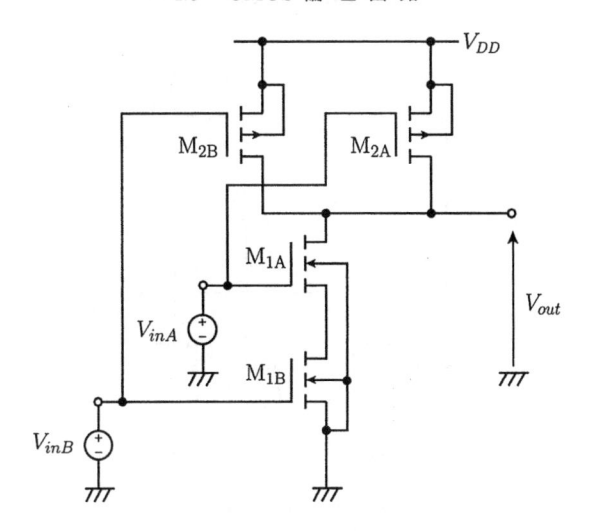

図 4.19 CMOS NAND 回路

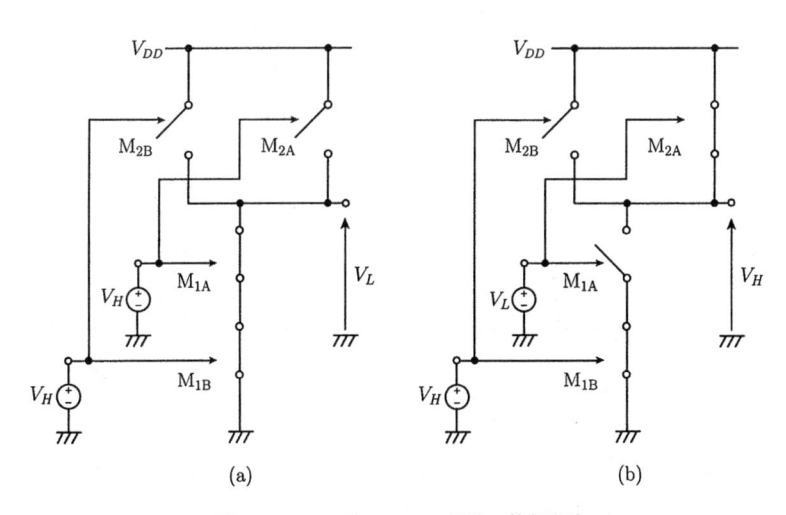

図 4.20 CMOS NAND 回路の等価回路

入力電圧 V_{inA}, V_{inB} の少なくとも一つが L レベルであれば n チャネル MOS トランジスタの M_{1A}, M_{1B} の少なくともいずれか一方がオフし，出力端子が接地端子から電気的に分離される．一方，p チャネル MOS トランジスタ M_{2A},

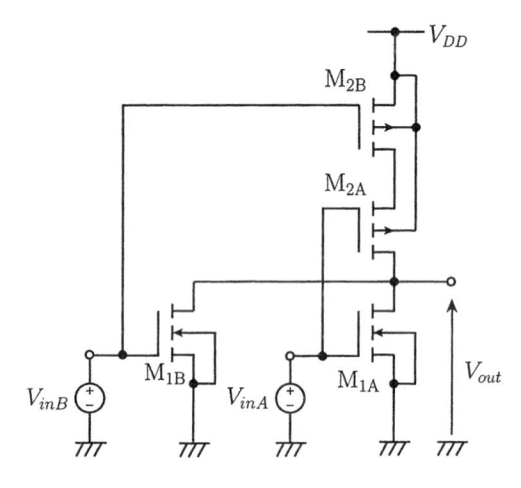

図 4.21　CMOS NOR 回路

M_{2B} の少なくとも一つがオンする．たとえば，入力 V_{inA} が L レベル，入力 V_{inB} が H レベルの場合を等価回路を用いて表すと図 4.20(b) となり，出力電圧 V_{out} が H レベルとなることがわかる．以上から，図 4.19 の回路が NAND 回路として動作することがわかる．

図 4.21 に CMOS NOR 回路を示す．図 4.21 の回路も，図 4.19 と同様に，トランジスタをスイッチに置き換えて考えることにより，NOR 回路として動作することが容易に理解できる．

一般に CMOS 論理回路の構造は，n チャネル MOS トランジスタと p チャネル MOS トランジスタを相補的に動作させるために，n チャネル MOS トランジスタが縦積みの場合 p チャネル MOS トランジスタは横並びとし，n チャネル MOS トランジスタが横並びの場合 p チャネル MOS トランジスタを縦積みとする．また，図 4.20(a) および (b) から明らかなように，入力電圧が H レベルであろうが，L レベルであろうが，出力電圧が確定した状態では電源電圧 V_{DD} と接地端子が電気的に分離される．したがって，出力電圧が確定した状態では電源から接地端子へ電流は流れない．このような理由から一般に CMOS 論理回路は極めて低消費電力で動作する．

4.5　CMOS 論 理 回 路　　　109

4.5.2　トライステート論理回路

　論理回路を組み合わせてシステムを集積回路上に構成する場合，複数の論理回路の出力端子を1箇所に接続し，それらの論理回路の出力の中から適宜必要な出力だけを選択して他の論理回路などの入力として用いることがある．このような場合に用いられる回路として，**トライステート論理回路**がある．トライステート論理回路は，**3状態回路**とも呼ばれ，出力として，HレベルとLレベルの他に，**高インピーダンス**という第3の状態を有している回路である．高インピーダンスとは，論理回路の出力端子が論理回路内部と電気的に切り離された状態である．ここでは，トライステート論理回路の構成例を示し，その動作について説明する．

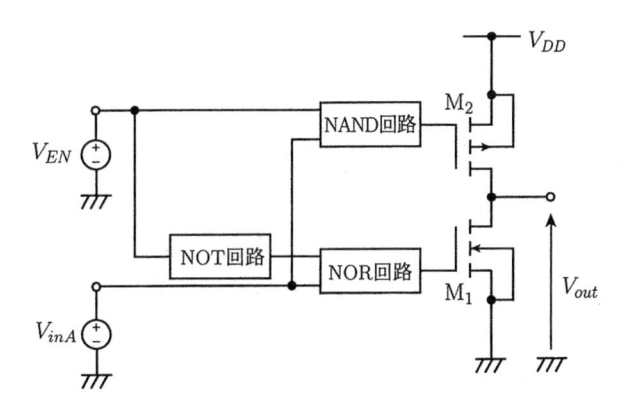

図 4.22　トライステート CMOS 論理回路の構成例

　トライステート論理回路は，今まで述べてきた CMOS NOT 回路と CMOS NAND 回路，CMOS NOR 回路を組み合わせることにより実現することができる．これを図 4.22 に示す．図 4.22 において，入力 V_{EN}†が H レベルである場合，NAND 回路の一つの入力端子に H レベルの電圧が加わり，NOR 回路の一つの入力端子に L レベルの電圧が加わる．このため，NAND 回路も NOR 回路も共に NOT 回路として動作し，これらの出力には V_{inA} が H レベルであ

---

† *EN* は ENABLE(動作させる) の最初の2文字であり，V_{EN} を H レベルとすれば回路を "動作させる" ことができることを表している．

れば L レベルの電圧が，L レベルであれば H レベルの電圧が現れる．トランジスタ M_1 のゲート端子と M_2 のゲート端子は接続されていないが，同じレベルの入力が加わるので，CMOS NOT 回路と全く同じ動作をする．このため，この回路の出力は V_{inA} と同じレベルとなる．したがって，図 4.22 の回路はバッファであることがわかる．

図 4.22 において，入力 V_{EN} が L レベルである場合，NAND 回路の出力は H レベルとなり，NOR 回路の出力は L レベルとなる．NAND 回路の出力は H レベルであるため，p チャネル MOS トランジスタである M_2 のゲートに H レベルの電圧が加わる．一方，NOR 回路の出力は L レベルであるため，n チャネル MOS トランジスタである M_1 のゲートには L レベルの電圧が加わる．このため，M_1，M_2 いずれのトランジスタもオフし，出力端子が電気的に切り離された状態となる．したがって，この場合，回路は第 3 の状態である高インピーダンスとなっていることがわかる．

4.5.3　CMOS ダイナミック論理回路

CMOS 論理回路は，NMOS 論理回路などと異なり，定常状態では電力を消費せず，消費電力は小さい．このため CMOS 論理回路では，消費電力を低減するためではなく，集積回路上での論理回路の占有面積を低減する目的でダイナミック論理回路が用いられる．

(1)　CMOS ダイナミック論理回路の構成

CMOS ダイナミック論理回路は図 4.23 に示すように，負荷のディプリーション型 MOS トランジスタをはずした NMOS 論理回路を，n チャネル MOS トランジスタ M_1 と p チャネル MOS トランジスタ M_2 とで挟むことにより構成されている．したがって，トランジスタ M_1 と M_2 を除けば，通常の CMOS 論理回路の半分のトランジスタ数で同じ機能を持った論理回路を実現できる．M_1 と M_2 はトランスファゲートと同様にスイッチの役割をしている．クロック信号 ϕ が L レベルの時トランジスタ M_1 はオフしている．一方，トランジスタ M_2 はオンしているため，次段の論理回路の寄生容量 C_P に電源 V_{DD} から電流が流れ込み，電圧 V_o はやがて V_{DD} となる．ϕ が H レベルになると，今度は M_2 がオ

4.5 CMOS 論理回路

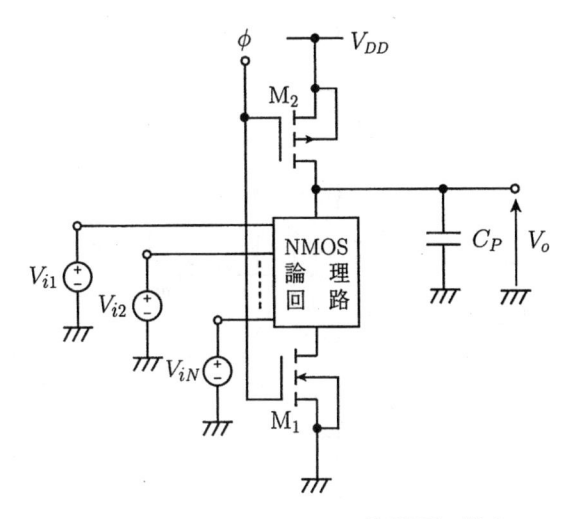

図 4.23 CMOS ダイナミック論理回路の構成

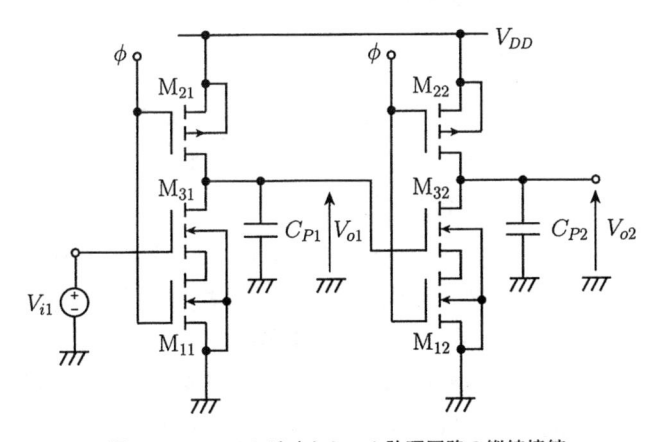

図 4.24 CMOS ダイナミック論理回路の縦続接続

フとなり，M_1 がオンとなる．このため NMOS 論理回路の入力に応じて，その出力，すなわち V_o が H レベルであるか L レベルであるかが定まる．

(2) CMOS ダイナミック論理回路の改良

　CMOS ダイナミック論理回路の問題点は縦続接続ができないことである．この問題点を，NOT 回路を縦続接続した場合について説明する．この回路を図

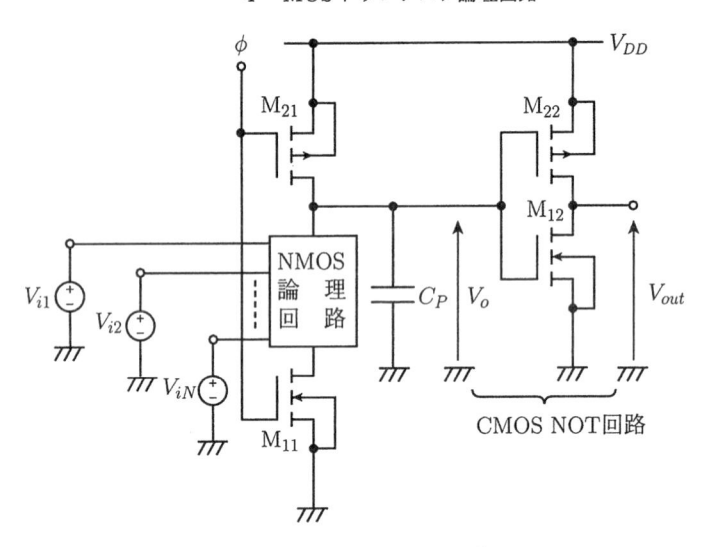

112   4　MOSトランジスタ論理回路

図 4.25　CMOSドミノ回路

4.24に示す.

　まず，クロック信号ϕがLレベルであるとする．このとき，トランジスタM_{21}とM_{22}がオンし，トランジスタM_{11}とM_{12}はオフする．したがって，寄生容量C_{P1}とC_{P2}の電圧は電源電圧V_{DD}と等しい．この状態でϕをHレベルにすると，トランジスタM_{21}とM_{22}はオフし，トランジスタM_{11}とM_{12}はオンする．さらに，トランジスタM_{32}もオンしているため，C_{P2}に蓄えられた電荷はトランジスタM_{12}とM_{32}によって放電され，V_{o2}は0Vとなる．この後に入力として，M_{31}のゲート端子にHレベルに相当する電圧を加えると，トランジスタM_{11}とM_{31}によってC_{P1}に蓄えられていた電荷が放電され，V_{o1}は0Vとなる．このためM_{32}はオフするが，C_{P2}には電荷が供給されないのでV_{o2}は0VのままでHレベルにはならない．

　この問題を解決するためには，クロック信号ϕがLレベルのとき，CMOSダイナミック論理回路の出力をLレベルに保てばよい．NOT回路を出力に付加することにより出力をLレベルにすることができる．これを図4.25に示す．この回路を**CMOSドミノ回路**と呼ぶ．

4.5.4 CMOS 論理回路の問題点とその対策

CMOS 論理回路は，論理振幅が大きく，消費電力も少ない．しかし，実際に集積回路上で実現するためには注意すべき問題点が幾つかある．以下では，この問題点と対策について説明する．

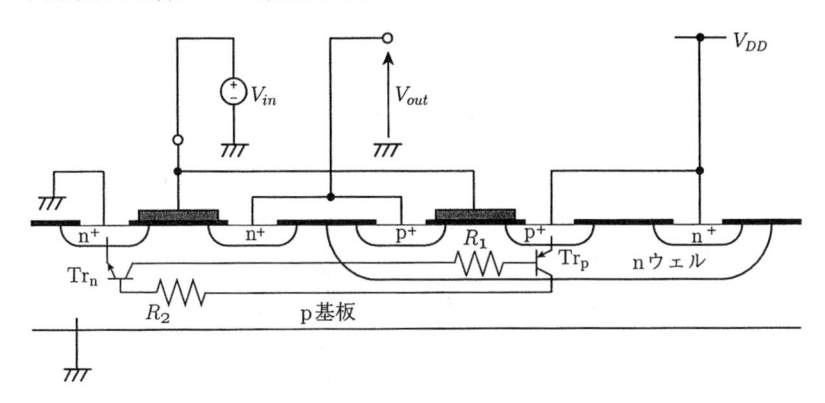

図 4.26 CMOS 論理回路に付随する寄生トランジスタ

(1) ラッチアップ

CMOS 論理回路を集積回路上に実現する場合，寄生のバイポーラトランジスタが生じる．図 4.26 は CMOS NOT 回路を集積回路上に実現した場合に生じる寄生バイポーラトランジスタを示している．この npn トランジスタ Tr_n と pnp トランジスタ Tr_p からなる回路は，雑音などの原因により，Tr_n のベースに電流が流れ込むと，この電流が増幅され，Tr_p のベース電流となる．さらに，この電流が Tr_p により増幅され，Tr_n のベース電流となる．このことが繰り返されると，電源 V_{DD} と接地端子間に大きな電流が流れ，CMOS 論理回路が全く動作しなくなる．これを CMOS 論理回路のラッチアップという．

ラッチアップを防ぐために，これら寄生トランジスタの電流増幅率が十分小さくなるように基板などの不純物濃度を制御するなど，集積回路を実現するためのプロセスが工夫されている．

[問 4.10] 図 4.26 の n^+ と p^+ の領域は図 4.10 の CMOS NOT 回路のどの端子に相当するか答えよ．

(2) 絶縁破壊

MOS 構造の中間層を構成している酸化物は，通常絶縁性の非常に高い二酸化シリコン (SiO_2) でできている．この酸化物に 100V を越えるような高い電圧が加わると，MOS トランジスタが破壊される．これを**絶縁破壊**と呼ぶ．静電気は数万 V に達するため絶縁破壊が容易に起こる．これを防ぐために，図 4.27 に示すように，論理回路の入力並びに出力に，ダイオードや抵抗からなる絶縁破壊保護回路を付加し，論理回路中の MOS トランジスタを保護することが行われている．

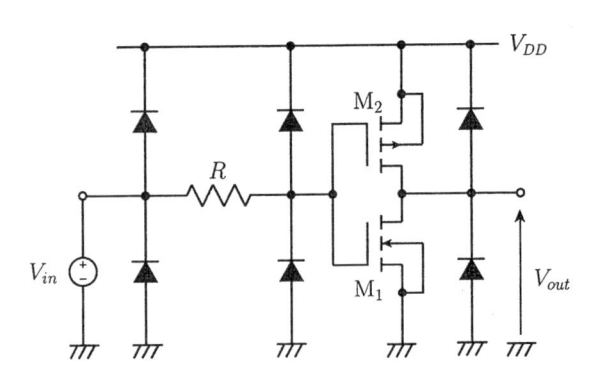

図 4.27 CMOS NOT 回路と絶縁破壊保護回路

[問 4.11] 図 4.27 において各ダイオードが図 2.9 の特性を有し，オン電圧が 0.7V のとき，M_1 と M_2 のゲート端子の最高電位と最低電位はいくらか．ただし，V_{DD} は 3.0V とする．

演習問題

(1) 図 4.1 について，以下の問に答えよ．ただし，抵抗 R は 20kΩ，電源電圧 V_{DD} は 3.0V であり，トランジスタ M_1 のトランスコンダクタンスパラメータ K は 100μS/V，しきい電圧 V_T は 0.3V とする．

    (a) 入力電圧 $V_{in} = 0V$ の時の出力電圧 V_{out} を求めよ．

演習問題

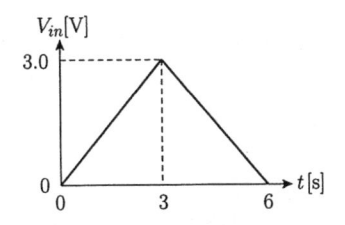

V_{in}[V]

3.0

0   3   6 t[s]

図 4.28 演習問題 (1)

(b) MOSトランジスタが飽和領域と非飽和領域のちょうど境となる入力電圧 V_{in} を求めよ．

(c) 入力電圧 $V_{in} = 3.0$V の時の出力電圧 V_{out} を求めよ．

(d) 図 4.28に示すように，入力電圧 V_{in} が三角パルス状に変化するとき，出力電圧 V_{out} の概形を図示せよ．

(2) 式 (4.11)において V_{OL} が十分小さいという近似を用いずに V_{OL} を求め，式 (4.12)から求めた値と比較せよ．ただし，トランジスタ M_1, M_2 のトランスコンダクタンスパラメータとしきい電圧をそれぞれ，$K_1 = 200\mu$S/V, $V_{T1} = 0.3$V, $K_2 = 2\mu$S/V, $V_{T2} = 0.3$V とし，また，電源電圧は $V_{DD} = 3.0$V とする．

(3) 図 4.6(a) の回路について以下の問に答えよ．ただし，トランジスタ M_1 と M_2 のトランスコンダクタンスパラメータおよびしきい電圧をそれぞれ K_1, K_2 および V_{T1}, V_{T2} とし，電源電圧 V_{DD} は十分大きいものとする．さらに，V_{T1} と V_{T2} について $|V_{T1}| > |V_{T2}|$ という関係が成り立つものとする．

  (a) トランジスタ M_1 のドレイン電流が零であるための条件を求め，その条件を満足する領域を，横軸を V_{in}，縦軸を V_{out} としたグラフ上に図示せよ．(この領域を領域 A とする．)

  (b) トランジスタ M_1 が飽和領域で動作し，トランジスタ M_2 が非飽和領域で動作している場合の V_{in} と V_{out} の条件を求め，(a)で求めたグラフ上にその条件を満足する領域を図示せよ．(この領域を領域 B とする．)

  (c) 領域 B における V_{out} を V_{in} と K_1, K_2, V_{T1}, V_{T2} を用いて表せ．

  (d) トランジスタ M_1 が非飽和領域で動作し，トランジスタ M_2 が飽和領域で動作している場合の V_{in} と V_{out} の条件を求め，(a)で求めたグラフ上にその条件を満足する領域を図示せよ．(この領域を領域 C とする．)

(e) 領域 C における V_{out} を V_{in} と K_1, K_2, V_{T1}, V_{T2} を用いて表せ．

(f) V_{in} が 0V から V_{DD} まで変化した場合の V_{out} の変化の概略を (a) で求めたグラフ上に図示せよ．（ヒント：V_{in} が 0V から V_{DD} まで変化するとき V_{out} は領域 A から B, C へと移っていく．）

(4) 図 4.29 は CMOS NOT 回路を 3 段縦続接続した回路である．図 4.29 において C_L はこの回路の出力端子に接続された配線などによる寄生容量を表し，その値を 4pF とする．また，$C_{Pi}(i=1\sim 3)$ は 3 個の CMOS NOT 回路の入力端子に付随する寄生容量を表している．3 個の CMOS NOT 回路では n チャネル MOS トランジスタと p チャネル MOS トランジスタのチャネル幅は等しく，1 段目の CMOS NOT 回路のチャネル幅を W_1, 2 段目のそれを W_2, 3 段目のそれを W_3 とする．また，すべての MOS トランジスタのチャネル長は等しく，これを L とする．各 CMOS NOT 回路の平均伝搬遅延時間 $t_{pdi}(i=1\sim 3)$ は

$$t_{pdi} = \eta C_X \left(\frac{1}{K_{ni}} + \frac{1}{K_{pi}} \right)$$

で与えられ，η は 0.5V^{-1}, C_X は各 CMOS NOT 回路の出力端子に接続された容量の値，K_{ni} と K_{pi} は

$$K_{ni} = K_{n0} \frac{W_i}{L}$$
$$K_{pi} = K_{p0} \frac{W_i}{L}$$

であり，K_{n0}=50μS/V, K_{p0}=20μS/V とする．さらに，CMOS NOT 回路の入力端子に付随する寄生容量は，n チャネル MOS トランジスタと p チャネル MOS トラ

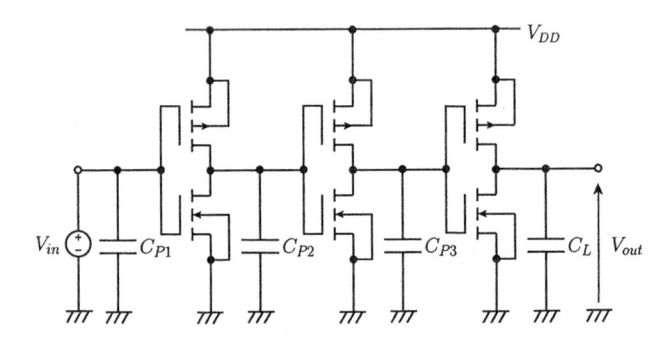

図 **4.29** 演習問題 (4)

ンジスタにより発生する分を併せて
$$C_{Pi} = 2W_i L C_{OX}$$
であるとする．ただし，C_{OX}は $2\text{fF}/\mu\text{m}^2$ である．

- (a) $W_1=1\mu\text{m}$, $L=1\mu\text{m}$ のとき $t_{pd} = \sum_{i=1}^{3} t_{pdi}$ を最小とする W_2 および W_3 を求めよ．
- (b) W_2 および W_3 が (a) で求めた値のとき $t_{pdi}(i=1 \sim 3)$ および t_{pd} を求めよ．
- (c) 2段目と3段目の CMOS NOT 回路をはずし，容量 C_L を初段の CMOS NOT 回路の出力端子に接続した場合の平均伝搬遅延時間はいくらか．
- (d) 以上の結果から図 4.29 の回路の有用性について述べよ．

(5) 図 4.30 について，正論理を用いて以下の問に答えよ．

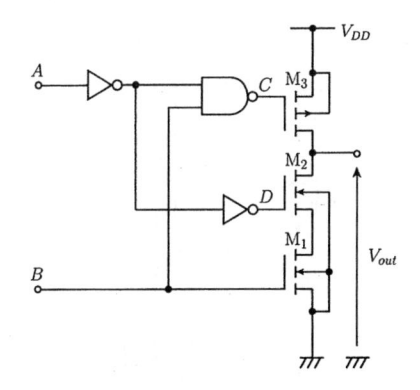

図 4.30 演習問題 (5)

- (a) 入力 B が 1 の時，NAND ゲートと NOR ゲートの出力である論理変数 C と D をそれぞれ入力 A を用いて表せ．
- (b) 入力 B が 0 の時，NAND ゲートと NOR ゲートの出力である論理変数 C と D をそれぞれ入力 A を用いて表せ．
- (c) この回路は何か答えよ．

(6) 図 4.31 は，トランスファゲートにおいて，クロック信号も入力として用いて構成した論理回路である．これについて，以下の問に答えよ．

- (a) 出力 X を入力 A と B を用いて表せ．

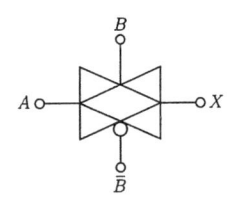

図 4.31 演習問題 (6)

(b) 排他的論理和回路 ($X = A\overline{B} + \overline{A}B$) をトランスファゲート 2 個と NOT 回路 2 個用いて構成せよ．

(c) 一致回路 ($X = AB + \overline{A}\,\overline{B}$) をトランスファゲート 2 個と NOT 回路 2 個用いて構成せよ．

(7) 図 4.32 について，正論理を用いて以下の問に答えよ．

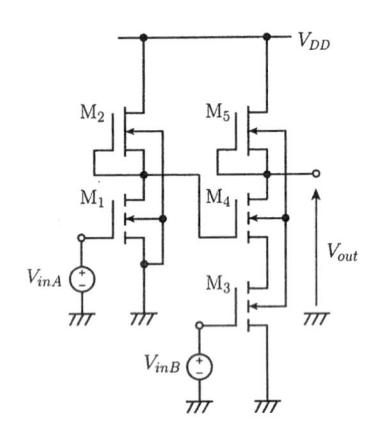

図 4.32 演習問題 (7)

(a) 図 4.32 の入力電圧 V_{inA} と V_{inB} を論理変数 A と B に対応させ，出力電圧 V_{out} を論理変数 C に対応させるとき，C を A と B を用いた論理式で表せ．

(b) 図 4.32 を参考にして排他的論理和回路（論理式：$Z = X\overline{Y} + \overline{X}Y$）を NMOS 論理回路により実現せよ．

5

バイポーラトランジスタ論理回路

　バイポーラトランジスタは，MOSトランジスタと並び，集積回路で最も用いられているトランジスタの一つである．単にトランジスタと言えば，バイポーラトランジスタを指す場合が多い．バイポーラトランジスタを使用した集積回路は，特に高速の動作が要求される分野に用いられている．本章では，バイポーラトランジスタを用いた論理回路の基礎であるTTL回路とECL回路について，その構成や動作について説明する．

5.1　バイポーラトランジスタの2値動作

　図5.1は，図4.1に示した抵抗負荷MOSトランジスタ回路中のMOSトランジスタをバイポーラトランジスタに置き換えた回路である．ただし，ベース

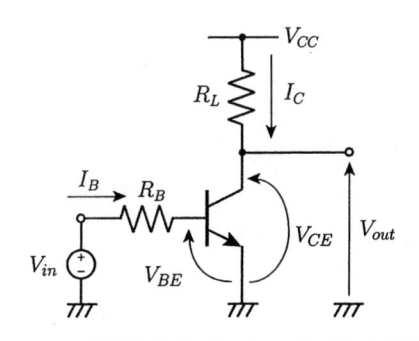

図 5.1　抵抗負荷バイポーラトランジスタ回路

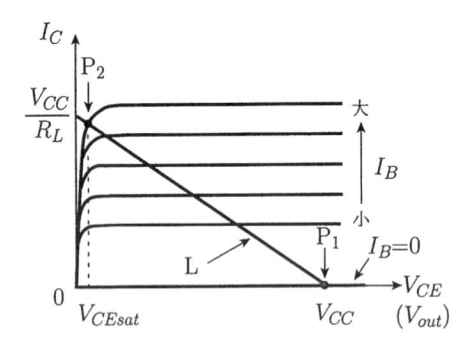

図 5.2 抵抗負荷バイポーラトランジスタ回路の特性

電流を制限するために抵抗 R_B を付加している．この回路は，バイポーラトランジスタのエミッタ端子が接地されているので，**エミッタ接地回路**と呼ばれている．

電源電圧 V_{CC} はトランジスタのベース・エミッタ間オン電圧 V_{BEon} よりも十分大きいと仮定とし，入力電圧 V_{in} による出力電圧 V_{out} の変化について考える．ベース・エミッタ間電圧 V_{BE} は入力電圧 V_{in} とベース電流 I_B を用いて

$$V_{BE} = V_{in} - R_B I_B \tag{5.1}$$

と表される．第 2 章において，Ebers-Moll モデルの説明の際に脚注で述べたように，バイポーラトランジスタのベース・エミッタ間は pn 接合ダイオードと同じ働きをしており，V_{BE} がベース・エミッタ間オン電圧 V_{BEon} (0.7〜0.8V 程度) 未満の場合，ベース電流は殆ど流れず，V_{BEon} になるとベース電流が流れると近似したほうが実際のトランジスタの特性に近い．したがって，V_{in} が 0V から V_{BEon} まではバイポーラトランジスタは遮断領域で動作していると考え，式 (5.1) において $I_B=0$ と近似する．次に，V_{in} が V_{BEon} を越えるとベース電流が流れる．このとき，ベース・エミッタ間電圧 V_{BE} は，Ebers-Moll モデルを用いるとベース電流の値に関係なく V_{BEon} となる．したがって，式 (5.1) から I_B は

$$I_B = \frac{V_{in} - V_{BEon}}{R_B} \tag{5.2}$$

となり，V_{in}とともに増加する．

バイポーラトランジスタの場合，ベース電流の大きさによって，コレクタ電流 I_C とコレクタ・エミッタ間電圧 V_{CE} の関係が変化する．この様子を図 5.2 に示す．この図は**エミッタ接地静特性**と呼ばれている．トランジスタのコレクタ・エミッタ間電圧である図 5.1 の出力電圧 V_{out} とコレクタ電流 I_C の間には

$$V_{out} = V_{CC} - R_L I_C \tag{5.3}$$

という関係が成り立つ．この式から I_C を

$$I_C = -\frac{1}{R_L}V_{out} + \frac{V_{CC}}{R_L} \tag{5.4}$$

と表すことができる．図 5.2 に式 (5.4) を描くと直線 L となる．MOS トランジスタ回路の場合と同様，直線 L は負荷線と呼ばれている．

図 5.2 から，ベース電流が零であるときコレクタ電流も流れず，V_{out} は V_{CC} と一致する．したがって，この場合のトランジスタのコレクタ電流と出力電圧 V_{out} は点 P_1 で表される．次に，V_{in} が増加し，V_{BEon} を越えるとベース電流 I_B が流れ始める．このため，トランジスタのコレクタ電流 I_C と出力電圧 V_{out} を表す点 P_1 は負荷線上を点 P_2 に向かって移動し，十分大きなベース電流が流れるとトランジスタは飽和する．Ebers-Moll モデルを用いるとトランジスタが飽和した場合，V_{out} は V_{CEsat} (0.1〜0.3V 程度) となる．

以上から，ベース・エミッタ間電圧が V_{BEon} 未満の場合はベース電流とコレ

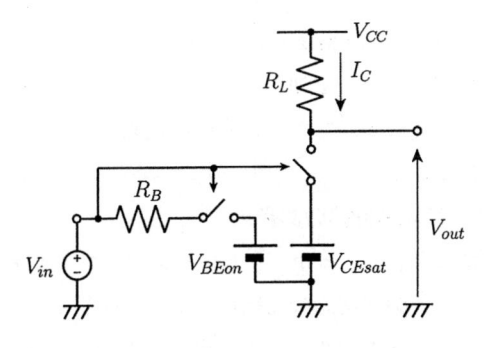

図 **5.3** バイポーラトランジスタの 2 値動作

クタ電流は殆ど流れず，コレクタ・エミッタ間及びベース・エミッタ間は近似的に開放と考えられる．一方，ベース・エミッタ間電圧が V_{BEon} 程度となるとベース電流が流れ始め，ベース・エミッタ間電圧を V_{BEon} と近似でき，また，コレクタ・エミッタ間電圧を V_{CEsat} と近似できる．図 5.1 の回路が図 5.2 の点 P_1 の状態にある場合と点 P_2 の状態にある場合を，スイッチを用いてまとめて表すと図 5.3 となる．図 5.3 の 2 個のスイッチは，V_{in} が V_{BEon} 以上の場合に閉じ，V_{BEon} 未満の場合に開く，連動したスイッチである．また，ダイオードや MOS トランジスタと同様に，コレクタ電流が流れている状態をトランジスタがオンしていると言い，コレクタ電流が流れていない状態をトランジスタがオフしていると言う．V_{CEsat} 以下を L レベル，V_{CC} 以上を H レベルと定義した場合，一般に $V_{CEsat} < V_{BEon}$ であるので，図 5.2 や図 5.3 から明らかなように，図 5.1 の回路において入力電圧 V_{in} が L レベルのとき出力電圧 V_{out} は H レベルとなり，V_{in} が H レベルのとき V_{out} は L レベルとなる．したがって，図 5.1 は NOT 回路であることがわかる．

[問 5.1] 図 5.2 の点 P_2 が，V_{in} として V_{CC} が与えられた場合のコレクタ電流 I_C と出力電圧 V_{out} を表しているとする．このとき I_C はどのように定まるか考えよ．

5.2 DTL 回路

DTL 回路とは，**Diode-Transistor Logic** 回路の略であり，第 3 章で述べたダイオード論理回路に改良を加えた論理回路である．本節ではまず，ダイオード論理回路の問題点について述べ，次に問題点を改良した DTL 回路の構成や動作について説明する．

5.2.1 ダイオード論理回路の問題点

ここでは，第 3 章に示したダイオードと抵抗を用いた AND 回路と OR 回路を例に取り，ダイオード論理回路の問題点について説明する．

図 3.7 の AND 回路の入力の少なくともいずれか一方に接地電位と同じ 0V

の電圧が加えられたとする．このとき，2個のダイオードのいずれか，または両方のダイオードがオンし，出力電圧はダイオードのオン電圧と等しくなる．この AND 回路の出力に別の AND 回路を接続すると，接続された AND 回路の出力電圧は，さらにダイオードのオン電圧 1 個分高い電圧となる．これを続けると AND 回路の L レベルが上昇し，やがて H レベルと区別できなくなる．

一方，図 3.8 の OR 回路の場合，入力の少なくともいずれか一方に電源電圧 V_{CC} と同じ値の電圧が加えられたとする．このとき，2個のダイオードのいずれか，または両方のダイオードがオンし，出力電圧は，V_{CC} からダイオードのオン電圧 1 個分低い電圧となる．この OR 回路に別の OR 回路を接続すると，接続された OR 回路の出力電圧は，さらにダイオードのオン電圧 1 個分低い電圧となる．これを続けると，OR 回路の H レベルが低下し，やがて L レベルと区別できなくなる．

このように，ダイオード論理回路では，出力に他のダイオード論理回路を接続するたびに，出力の論理振幅が低減するという問題点を有している．

5.2.2 DTL 回路の構成

ダイオード論理回路の問題点を解決するために，DTL 回路が考え出された．DTL 回路により，NAND 回路を実現した例を図 5.4 に示す．この回路は，AND 回路を実現しているダイオード論理回路の出力に，図 5.1 の NOT 回路を付加

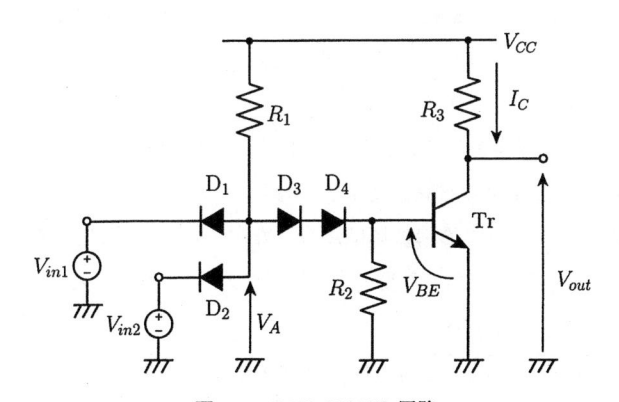

図 5.4 DTL NAND 回路

して実現した NAND 回路である．ただし，NOT 回路の抵抗 R_B の代わりに 2 個のダイオード D_3 と D_4 及び抵抗 R_2 を用いている†．

図 5.4 の回路の動作を知るために，ダイオード D_3 と D_4 の働きを考慮し，図 5.4 の出力電圧の L レベルと H レベルとが切り替わる入力電圧 V_{crit} を求める．まず，DTL 回路の 2 個の入力電圧がともに H レベルであれば電流が電源から抵抗 R_1 を通り，ダイオード D_3 と D_4 を経て抵抗 R_2 やトランジスタ Tr のベースへと流れる．この結果，トランジスタ Tr はオンし，出力は L レベル，すなわち V_{CEsat} となる．このとき，AND 回路の出力電圧 V_A は

$$V_A = 2V_{on} + V_{BEon} \tag{5.5}$$

である．ただし，V_{on} はダイオードのオン電圧，V_{BEon} はバイポーラトランジスタのベース・エミッタ間オン電圧である．また，Tr がオンしている状態で DTL 回路の入力電圧 V_{in1} と V_{in2} が $V_A - V_{on}$ よりも大きければ，ダイオード D_1 と D_2 はオフのままであり，V_A に影響を与えず，出力も L レベルに保たれる．したがって，出力が L レベルとなる最小の入力電圧 V_{crit} は

$$V_{crit} = (2V_{on} + V_{BEon}) - V_{on} = V_{on} + V_{BEon} \tag{5.6}$$

であることがわかる．

一方，V_{in1} と V_{in2} のいずれか少なくとも一方が V_{crit} よりも小さくなれば，トランジスタはオフし，出力電圧は電源電圧 V_{CC} と等しくなる．このとき，トランジスタが飽和領域から遮断領域に切り替わり，トランジスタのベース領域に蓄えられていた蓄積キャリアを放出するため，抵抗 R_2 を通して電流がベース端子から接地端子へと流れる．

ダイオード論理回路を縦続接続した場合には，出力の論理振幅が徐々に減少したが，DTL 回路を縦続接続しても，一般に V_{CC} は V_{crit} より大きく，V_{crit} は V_{CEsat} よりも大きいので論理振幅は減少しない．このように，DTL 回路では，ダイオード論理回路に NOT 回路を接続したことにより，ダイオード論理回路の問題点が解決されている．

---

† これらのダイオードと抵抗は節点間に適当な電位差を与えるために用いられている．このように節点間に適当な電位差を与える回路のことをレベルシフト回路と呼んでいる．

[問 5.2] 図 5.4 において，ダイオード D_3 と D_4 を挿入せず，AND 回路の出力が NOT 回路に直接接続されている場合，V_{crit} はどうなるか．

5.3 基本 TTL 回路

TTL 回路とは，Transistor-Transistor Logic 回路の略であり，バイポーラトランジスタと抵抗を用いて構成される論理回路である．TTL 回路を単に TTL と呼ぶことも多い．本節ではまず，DTL 回路において入力に対する出力の応答速度を制限する要因について説明し，次に DTL 回路の応答速度を改善した基本 TTL 回路について述べる．

5.3.1 DTL 回路の問題点

DTL 回路では，ダイオード論理回路の問題点である論理振幅は改善されているが，応答速度に問題を残している．バイポーラトランジスタを用いた論理回路の応答速度を制限する最大の要因は蓄積時間である．図 5.4 の回路では，飽和領域から遮断領域に切り替わるときに，ベース領域に蓄積された自由電子が放出されるために抵抗 R_2 を通してベース端子から接地端子へと電流が流れ，全ての自由電子がベース領域から放出された後に出力が L レベルから H レベルになる．このため，切り替わりに時間がかかり，入力に対する出力の応答が遅くなる．

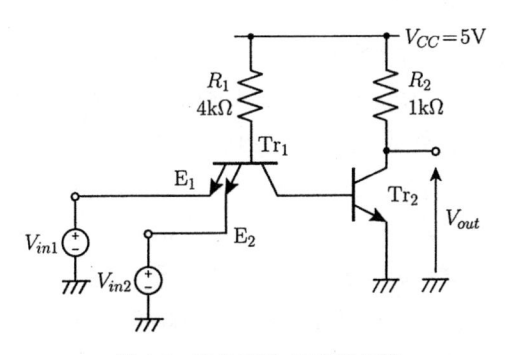

図 5.5 基本 TTL NAND 回路

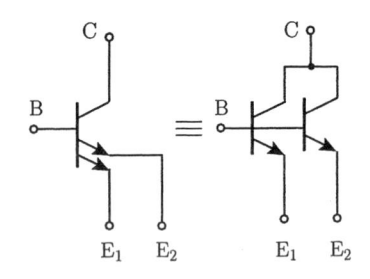

図 5.6 マルチエミッタトランジスタの等価回路

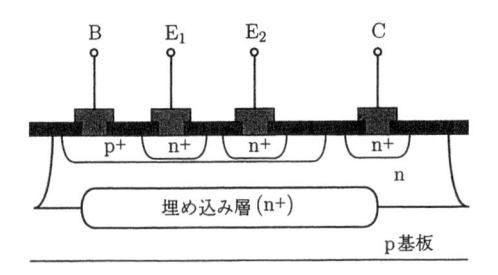

図 5.7 マルチエミッタトランジスタの構造

5.3.2 基本 TTL 回路の構造

DTL 回路の動作速度を改善した論理回路が TTL 回路である．NAND 回路を例題として TTL 回路の基本構成を図 5.5 に示す．トランジスタ Tr_1 は**マルチエミッタトランジスタ**と呼ばれ，2 個のエミッタ端子を有している．マルチエミッタトランジスタは，図 5.6 に示すように，2 個のトランジスタのベースとベース，コレクタとコレクタが接続され，エミッタだけが別になった素子と等価である．また，図 5.7 に示すように，集積回路上におけるマルチエミッタトランジスタの実現は，ベース領域中に 2 個のエミッタ領域を設けるだけで済むので容易である．

図 5.5 では，トランジスタ Tr_2 がオンしている場合に，入力電圧 V_{in1} または V_{in2} の少なくともいずれか一方が L レベルになるとトランジスタ Tr_1 が飽和領域で動作し，Tr_2 のベースから蓄積キャリアを強制的に引き抜くことにより Tr_2 が直ちにオフし，出力は H レベルになる．このため蓄積時間が DTL 回路と比

較して短く，入力に対する出力の応答速度が向上する．また，V_{in1} 及び V_{in2} がともに H レベルの場合，Tr_1 は逆方向能動活性領域で動作し，Tr_2 のベースに電流を供給して Tr_2 を飽和させ，出力は L レベルになる．このことから，図 5.5 が NAND 回路として動作することがわかる．

5.3.3 基本 TTL 回路の問題点

基本 TTL 回路は，図 5.8 のように，多数の TTL が出力に接続された場合に，出力電圧が大きく変化するという問題がある．以下では，この問題点について考える．

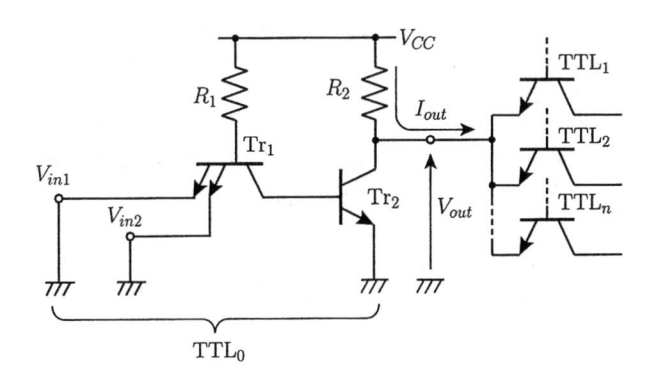

図 5.8 TTL 回路の接続

Tr_2 がオフしているとすると，TTL_0 の出力電圧は H レベルであるので，TTL_0 の出力端子に接続されている他の TTL の入力電圧も H レベルである．このため，TTL_0 の出力端子から他の TTL の入力端子へと電流が流れる．この電流は電源 V_{CC} から抵抗 R_2 を通して供給される．したがって，TTL_0 の出力端子に接続される TTL の数が多ければ多いほど出力電圧が V_{CC} から下がり，やがて H レベルであるか，L レベルであるか区別できなくなる．

同様の問題点として，TTL 回路の入力部に生じる寄生トランジスタの影響がある．図 5.9 に示すように，TTL_1 の入力部のトランジスタ Tr'_1 の 2 個のエミッタの一方に H レベルの電圧が，他方に L レベルの電圧が加えられているとする．この場合，これら 2 個のエミッタとベースにより寄生 npn トラン

128   5 バイポーラトランジスタ論理回路

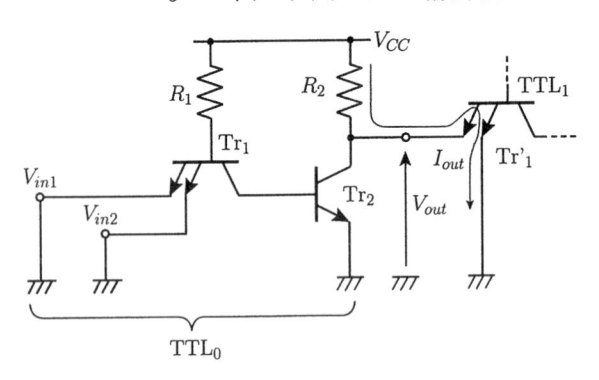

図 5.9 TTL 回路の寄生トランジスタ

ジスタが構成され，電流が H レベルにあるエミッタからベースを通り，L レベルにあるエミッタへと流れる．この電流も TTL_0 の出力端子から供給されるので，電流を供給している TTL_0 の出力電圧が低下する．

[問 5.3]　図 5.5 において V_{out} が，規格で定められている TTL 回路の最小 H レベル電圧 2.4V であるときに，抵抗 R_2 に流れる電流はいくらか．

5.4　標準 TTL 回路

5.4.1　標準 TTL 回路の構造

基本 TLL 回路における出力電圧の低下の問題を解決した TTL 回路が標準 TTL 回路である．標準 TTL NAND 回路の構成例を図 5.10 に示す．標準 TTL 回路は基本 TTL 回路と出力部分が異なっている．トランジスタ Tr_3，Tr_4，ダイオード D からなる回路は**トーテムポール回路**と呼ばれ，基本 TTL 回路の出力部分よりも電流供給能力において優れている．以下では，このトーテムポール回路の電流供給能力について説明する．

V_{in1} 及び V_{in2} のいずれも H レベルであるとき Tr_1 は逆方向能動活性領域で動作し，Tr_1 のコレクタから Tr_2 のベースに電流が供給され，Tr_2 がオンする．さらに Tr_2 のエミッタから Tr_4 のベースに電流が供給されるため Tr_4 もオンし，

5.4 標準 TTL 回路

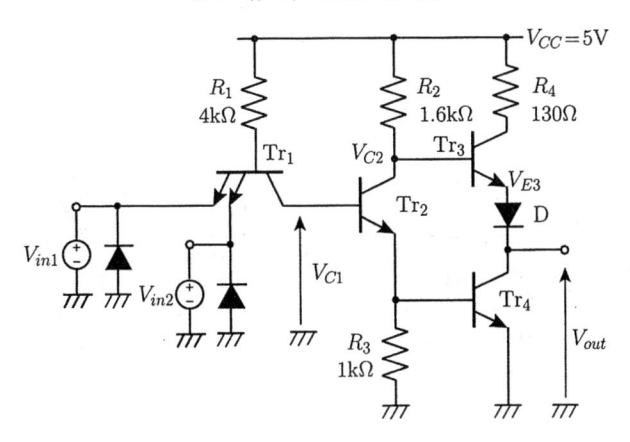

図 5.10 標準 TTL NAND 回路

出力電圧は L レベルとなる．また，このとき，Tr_2 のコレクタ電位 V_{C2} と Tr_3 のエミッタ電位 V_{E3} は

$$V_{C2} = V_{BEon4} + V_{CEsat2} \tag{5.7}$$

$$V_{E3} = V_{on} + V_{CEsat4} \tag{5.8}$$

である．ただし，上式を含めて以下では V_{BEoni} と V_{CEsati} はそれぞれトランジスタ Tr_i のベース・エミッタ間オン電圧およびコレクタ・エミッタ間飽和電圧とする．一般に，$V_{BEon4} \simeq V_{on}$ および $V_{CE2sat} \simeq V_{CE4sat}$ であるのでトランジスタ Tr_3 のベース電位とエミッタ電位はほぼ等しくなる．このため Tr_3 のベース・エミッタ間電圧はほぼ 0V となり，Tr_3 がオフしていることがわかる．

V_{in1} と V_{in2} の少なくともいずれか一方が L レベルにあるとき，Tr_2 がオフし，これに伴って V_{C2} が V_{CC} に近づくため，Tr_3 がオンし，出力電圧 V_{out} は

$$V_{out} = V_{C2} - V_{BEon3} - V_{on} \simeq V_{CC} - V_{BEon3} - V_{on} \tag{5.9}$$

となる．このとき，Tr_2 がオフしているので Tr_4 もオフする．この状態で，出力に他の TTL が接続されると，トランジスタ Tr_3 からダイオード D を通して，接続されている他の TTL 回路に電流が供給される．一方，出力電圧は，式 (5.9) から分かるように，V_{CC} や V_{BEon3}，V_{on} によって定まるので，ほぼ一定値に保

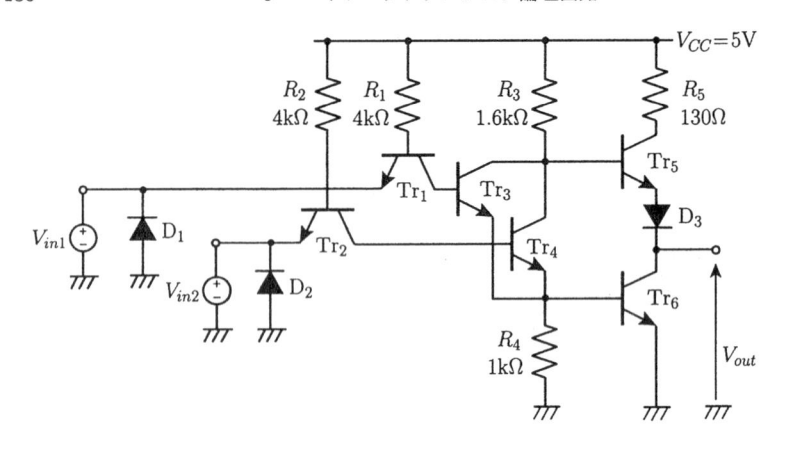

図 5.11 標準 TTL NOR 回路

たれ，供給電流が大きくても変化は僅かである．

また，図 5.10 では，ダイオード D_1 及び D_2 が入力端子に接続されている．これらのダイオードは入力に大きなマイナスの電圧が加わった場合に，トランジスタを保護するためのダイオードである．

図 5.11 に標準 TTL NOR 回路を示す．標準 TTL NOR 回路では，標準 TTL NAND 回路の Tr_1 と Tr_2，R_1 の部分回路を，Tr_1 と Tr_3，R_1 及び Tr_2 と Tr_4，R_2 の 2 組の部分回路に置き換えている．これら 2 組の部分回路の少なくともいずれか一方に H レベルの入力電圧が加えられると，電源から抵抗 R_3 へと電流が流れるので Tr_5 のベース電位が下がり，Tr_5 はオフする．また，この電流は Tr_3 または Tr_4 を通り，R_4 へと流れる．R_4 に電流が流れると，Tr_6 がオンし，出力電圧は L レベルとなる．一方，2 組の部分回路の両方に L レベルの入力電圧が加えられると R_3 には電流が流れず，Tr_5 のベース電位は電源電圧とほぼ等しくなる．このため，出力電圧は H レベルとなる．

5.4.2 TTL 回路の入出力特性

NAND 回路や NOR 回路は複数の入力を持った回路であるので，全ての入力の状態を規定しないと，入力と出力との関係は不明確である．しかし，NAND 回路において，1 個の入力以外の全ての入力を H レベルにすると NOT 回路が

5.4 標準 TTL 回路

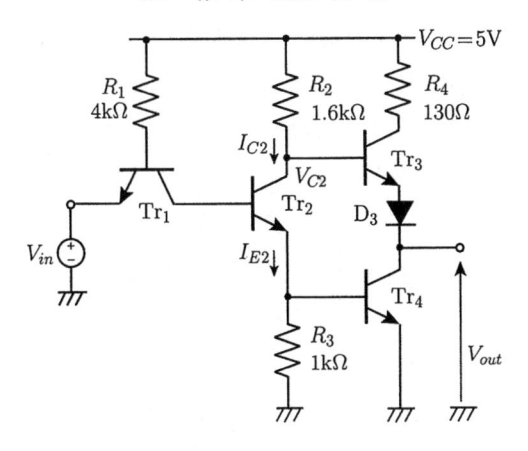

図 5.12 TTL NOT 回路

得られ，また，NOR 回路においても，1個の入力以外の全ての入力を L レベルにすると NOT 回路が得られる．このように，NOT 回路は，入力に制限を加えた場合の NAND 回路や NOR 回路と等価であり，TTL 回路の基礎を成している．ここでは，TTL NAND 回路や TTL NOR 回路の基礎となる図 5.12 の NOT 回路についてその入出力特性を解析する．

入力電圧 V_{in} を 0V から増加させ，トランジスタ Tr_2 に電流が流れ始める直前の入力電圧を V_{IL} とする．すなわち，Tr_2 のベース・エミッタ間の pn 接合にはオン電圧が加わっているが，抵抗 R_3 に加わる電圧は 0V のときの入力電圧が V_{IL} である．また，このとき，Tr_2 に電流が流れ始める直前であるので，Tr_1 のベースからエミッタへは電流が流れ，ベースからコレクタへは電流が流れ始める直前の状態である．このことから，ベース電位がエミッタ電位やコレクタ電位よりも高いことがわかる．したがって，トランジスタ Tr_1 は飽和領域で動作しているので，V_{IL} を

$$V_{IL} = V_{BEon2} - V_{CEsat1} \tag{5.10}$$

と表すことができる．入力電圧 V_{in} が $0 \leq V_{in} \leq V_{IL}$ では，トランジスタ Tr_2 に電流は流れないので，出力電圧 V_{out} は

$$V_{out} = V_{OH} = V_{C2} - V_{BEon3} - V_{on} \simeq V_{CC} - V_{BEon3} - V_{on} \quad (5.11)$$

となる．ただし，V_{OH} は H レベルの出力電圧である．

次に，入力電圧 V_{in} を V_{IL} よりも大きくすると，Tr_2 にコレクタ電流 I_{C2} が流れ，Tr_2 は能動活性領域で動作する．したがって，$I_{C2} \simeq I_{E2}$ より，出力電圧 V_{out} は

$$V_{out} = V_{C2} - V_{BEon3} - V_{on} \simeq V_{CC} - R_2 I_{E2} - V_{BEon3} - V_{on} \quad (5.12)$$

となる．

さらに入力電圧 V_{in} を増加させると，やがてトランジスタ Tr_2 と Tr_4 が共に能動活性領域で動作し始める．このときの入力電圧を V_{IH} とする．V_{IH} は Tr_2 のベース・エミッタ間だけでなく，Tr_4 のベース・エミッタ間の電圧もベース・エミッタ間オン電圧に達したとときの入力電圧である．このとき，Tr_1 のベースからコレクタを通り，Tr_2 にベース電流が供給されるだけでなく，Tr_1 のベースからエミッタへも電流が流れる．このことから Tr_1 は飽和領域で動作しており，飽和領域でのコレクタ・エミッタ間電圧を V_{CEsat1} とすると，V_{IH} は

$$V_{IH} = V_{BEon2} + V_{BEon4} - V_{CEsat1} \quad (5.13)$$

となる．

最後に，入力電圧 V_{in} が $V_{IH} \leq V_{in}$ では出力電圧 V_{out} は

$$V_{out} = V_{OL} = V_{CEsat4} \quad (5.14)$$

となる．ただし，V_{OL} は L レベルの出力電圧である．したがって，図 5.12 の回路の論理振幅 $V_{swing} = V_{OH} - V_{OL}$ は

$$V_{swing} = V_{CC} - V_{BEon3} - V_{on} - V_{CEsat4} \quad (5.15)$$

であることがわかる．

全てのベース・エミッタ間オン電圧を 0.7V，飽和領域での全てのコレクタ・エミッタ間飽和電圧を 0.1V，pn 接合ダイオードのオン電圧を 0.7V とし，これらの結果をまとめてグラフに示すと，図 5.13 となる．

以上の説明から V_{OL} は NOT 回路の L レベル出力電圧の最小値であり，V_{IL} は NOT 回路が入力電圧を L レベルとして許容できる最大値である．したがっ

5.4 標準 TTL 回路

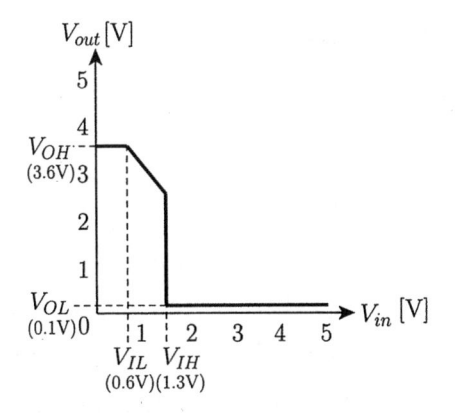

図 5.13 TTL NOT 回路の入出力特性

て，NOT 回路を縦続接続した場合に，前段の NOT 回路の L レベル出力電圧を次段の NOT 回路の L レベル入力電圧として誤りなく伝達する際の余裕度を表す評価尺度として $V_{IL} - V_{OL}$ を用い，これを **L レベル雑音余裕** と呼ぶ．同様に，V_{OH} は NOT 回路の H レベル出力電圧の最大値であり，V_{IH} は NOT 回路が入力電圧を H レベルとして許容できる最小値であることから，$V_{OH} - V_{IH}$ を **H レベル雑音余裕** と呼ぶ．

[問 5.4] V_{CC}=5.0V，全てのトランジスタの V_{BEon} を 0.7V，V_{CEsat} を 0.1V，ダイオードのオン電圧 V_{on} を 0.7V として，図 5.12 の論理振幅，L レベル雑音余裕，H レベル雑音余裕を求めよ．

5.4.3 ファンインとファンアウト

ファンインとは入力に接続可能な論理回路の数の最大値のことである．すなわち，ファンインは論理回路の入力端子数である．また，ファンアウトとは，H レベルまたは L レベルを保持した状態で出力に接続できる論理回路の数の最大値のことである．MOS トランジスタ論理回路の場合，ゲート端子が入力となり，ゲートには電流が流れないので，一般にファンアウトが問題になることはない．しかし，TTL 回路では，入力端子に電流が流れるため，出力に接続できる TTL 回路の数が限られる．

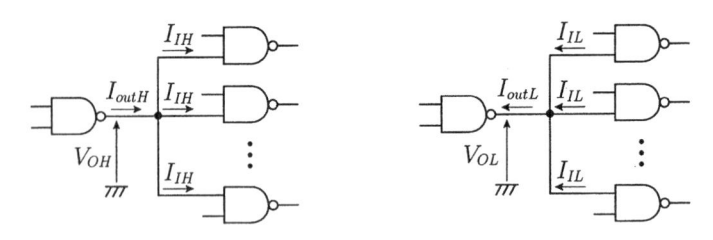

図 5.14 TTL 回路の相互接続とファンアウト

ここで，ファンアウトについてより詳しく考えてみる．TTL 回路の入力端子に H レベルの入力が加えられた場合に，その入力端子に流れ込む電流を I_{IH}，L レベルの入力が加えられた場合に，その入力端子から流れ出す電流を I_{IL} とする．一方，TTL 回路の出力が H レベルに保持された状態で他の TTL 回路に供給できる最大電流を I_{OH}，L レベルに保持された状態で他の TTL 回路から流し込むことのできる最大電流を I_{OL} とする．すなわち，図 5.14 に示すように，TTL 回路は V_{out} が H レベルであれば

$$I_{OH} \geq I_{outH} = NI_{IH} \tag{5.16}$$

を満足し，L レベルであれば

$$I_{OL} \geq I_{outL} = NI_{IL} \tag{5.17}$$

を満足しなければならない．ただし，N は出力端子に接続された TTL 回路の個数である．したがって，N の最大値 N_{fan} は

$$N_{fan} = \left\lfloor \min\left[\frac{I_{OH}}{I_{IH}}, \frac{I_{OL}}{I_{IL}}\right] \right\rfloor \tag{5.18}$$

となる．ただし，$\min[\cdot]$ は括弧内の要素の中の最小値を表し，$\lfloor x \rfloor$ は x を越えない最大の整数を表している．この N_{fan} がファンアウトである．

[問 5.5] ある NOT 回路において，$I_{OH} = 500\mu A$, $I_{IH}=40\mu A$, $I_{OL} = 16mA$, $I_{IL} = 1.6mA$ であるとする．この NOT 回路のファンアウトを求めよ．

5.5 その他のTTL回路

本節では，標準TTL回路を基に各種の改良を行ったTTL回路について説明する．

5.5.1 ショットキTTL回路

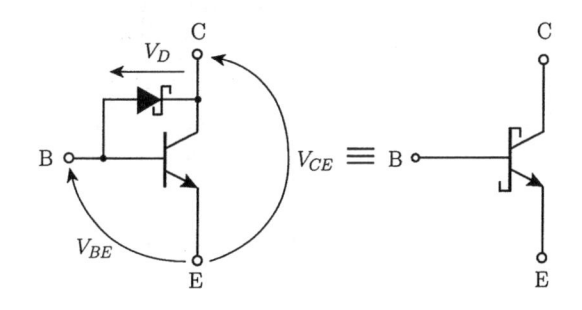

図5.15 ショットキバリアダイオードクランプトランジスタとその記号

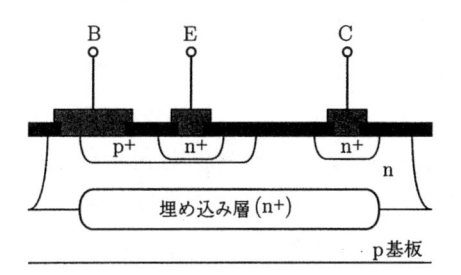

図5.16 ショットキバリアダイオードクランプトランジスタの構造

TTL回路の応答速度を制限する最大の要因がトランジスタの蓄積時間であることは既に述べた．この蓄積時間を短くするための一つの工夫として，トランジスタをショットキバリアダイオードクランプトランジスタに置き換える方法がある．ショットキバリアダイオードクランプトランジスタとは，図5.15に示すように，通常のバイポーラトランジスタのベース・コレクタ間にショットキバ

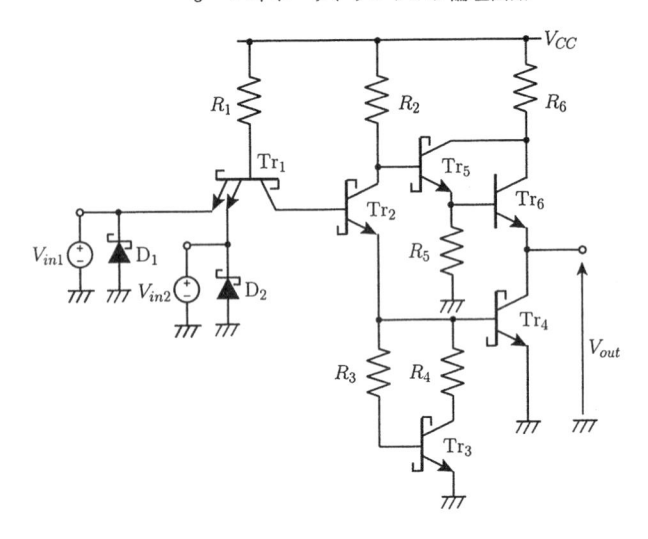

図 5.17 ショットキ TTL NAND 回路

リアダイオードを付加したトランジスタである．ショットキバリアダイオードのオン電圧が約 0.4V 程度であるため，コレクタの電位はベース電位よりも高々 0.4V 程度低くなるだけである．たとえばトランジスタのベース・エミッタ間オン電圧 V_{BEon} が 0.7V であれば，コレクタ・エミッタ間電圧は常に約 0.3V 以上に保たれる．このため，コレクタ・エミッタ間飽和電圧 V_{CEsat} が 0.1V 程度であればトランジスタは飽和せず，常に能動活性領域で動作する．また，ショットキバリアダイオードクランプトランジスタを集積回路上に実現するには，図 5.16 に示すように，ベース領域を覆っていた金属を隣接するコレクタ領域まで広げるだけで良く，特別な工程を必要としないので，その実現は極めて容易である．

　ショットキバリアダイオードクランプトランジスタを用いて TTL 回路の応答速度を高めた回路を**ショットキ TTL 回路**と呼ぶ．ショットキ TTL 回路の例として図 5.17 にショットキ TTL NAND 回路を示す．

　ショットキ TTL NAND 回路と標準 TTL NAND 回路を比較すると，ショットキバリアダイオードクランプトランジスタを用いていること以外に，図 5.17

5.5 その他のTTL回路

の抵抗 R_3 と R_4 及びトランジスタ Tr_3 からなる回路が，図 5.10 に示した標準 TTL NAND 回路の抵抗 R_3 の代わりに用いられていることがわかる．この回路を**スクェアリング回路**と呼ぶ．標準 TTL NAND 回路では，出力電圧が H レベルから L レベルに切り替わるとき，初め Tr_4 はオフしているので Tr_2 のエミッタからの電流が Tr_4 のベース端子と接地端子との間に接続された抵抗に全て流れ込む．したがって，Tr_2 のエミッタからこの抵抗に十分な電流が供給されるまでは Tr_4 はオンしなかった．一方，ショットキ TTL 回路では，Tr_4 だけでなく Tr_3 もオフしているため，Tr_2 のエミッタからの電流はベースに抵抗が接続されていない Tr_4 に流れ込む．このため，Tr_4 は即座にオンする．Tr_4 がオンすると，Tr_3 のベース・エミッタ間にも十分な電圧が加わり，Tr_3 がオンする．Tr_2 からの電流がさらに増加した分は殆どが Tr_3 から接地端子へと流れる．

また，Tr_4 がオフする場合について考えると，Tr_3 のベースと接地間に素子が接続されていないため，Tr_3 は Tr_4 よりも蓄積キャリアを放出するのに時間がかかる．このため，Tr_2 から電流が供給されなくなっても Tr_3 は Tr_4 よりも長くオンし続けるので，Tr_3 が Tr_4 の蓄積キャリアを引き抜き，Tr_4 は急速に飽和領域から遮断領域に切り替わる．したがって，ショットキ TTL では，**遷移領域**と呼ばれる V_{IL} から V_{IH} までの入力電圧が L レベルであるか H レベルであるか判別ができない範囲が標準 TTL 回路と比較して非常に狭くなっている．

ショットキ TTL 回路と標準 TTL 回路のその他の違いとして出力回路がある．トランジスタ Tr_5，Tr_6，抵抗 R_5，R_6 から構成される回路は，図 5.10 における，トランジスタ Tr_3，抵抗 R_4，ダイオード D と同様の働きをする回路である．トランジスタ Tr_5 と Tr_6 の接続方法は**ダーリントン接続**と呼ばれ，Tr_5 と Tr_6 の 1 組で順方向電流増幅率 β_F がほぼ 2 乗になった 1 個のトランジスタと同等の働きをする．このため，ショットキ TTL 回路と標準 TTL 回路で同じ出力電流の変動があっても，ショットキ TTL 回路の場合は，Tr_5 のベース電流の変動が出力電流のそれのほぼ $1/\beta_F^2$ 倍となるので，Tr_2 のコレクタ電位の変動が標準 TTL 回路のそれの約 $1/\beta_F$ 倍となる．また，Tr_6 は飽和領域で動作することがないので，ショットキバリアダイオードクランプトランジスタでなく，通常

のトランジスタを用いている．

[問 5.6] トランジスタ Tr_6 はなぜ飽和領域で動作することがないか考えよ．

5.5.2 オープンコレクタ TTL 回路

標準 TTL 回路の出力端子と電源との間の素子を取り除いた回路をオープンコレクタ TTL 回路と呼ぶ．たとえば，図 5.10 の抵抗 R_4 やトランジスタ Tr_3，ダイオード D を取り去り，トランジスタ Tr_4 のコレクタ端子を開放とすると，図 5.18 に示すオープンコレクタ TTL NAND 回路となる．

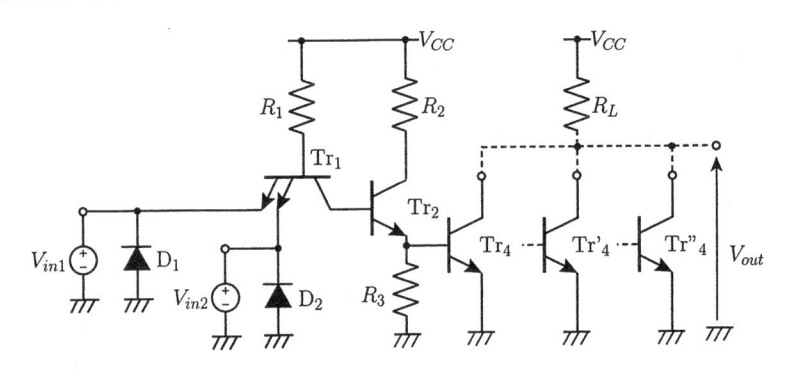

図 5.18 オープンコレクタ TTL NAND 回路

この回路の特徴は複数のオープンコレクタ TTL 回路の出力端子を 1 個の抵抗を介して電源に接続することにより，容易に論理和が実現できることである．たとえば，図 5.18 に示すように，3 個のオープンコレクタ TTL の出力端子が接続されている場合について考えてみる．トランジスタ Tr_4，Tr'_4，Tr''_4 のいずれかに，トランジスタがオンするために十分なベース・エミッタ間電圧が与えられると，抵抗 R_L を通して電源からそのトランジスタへとコレクタ電流が供給され，トランジスタは飽和領域で動作する．したがって，V_{out} は

$$V_{out} = V_{CEsat} \tag{5.19}$$

となる．

一方，ベース・エミッタ間電圧が小さく，全てのトランジスタが遮断領域にあれば，抵抗 R_L に電流が流れず，V_{out} は

$$V_{out} = V_{CC} \tag{5.20}$$

と電源電圧V_{CC}に等しくなる．このように，端子の接続だけで論理和を実現することをワイヤード **OR** と呼ぶ．

5.5.3 トライステート TTL 回路

MOSトランジスタ論理回路と同様に，TTL 回路においても，出力がHレベル，Lレベル，高インピーダンスの3状態を有するトライステート **TTL 回路**がある．

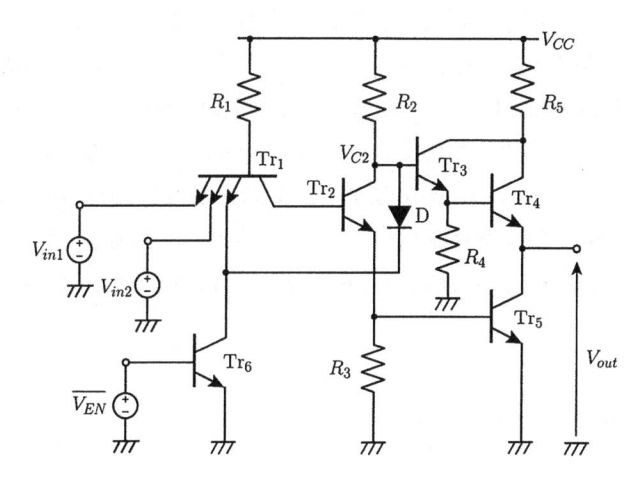

図 5.19 トライステート TTL NAND 回路

図 5.19にトライステート TTL NAND 回路を示す．この回路において$\overline{V_{EN}}$がHレベルの場合，トランジスタTr_6がオンし，トランジスタTr_2のベースからTr_1へ電流が流れ，Tr_2がオフする．このため，抵抗R_3に電流が流れないのでTr_5もオフする．さらに，Tr_2のコレクタ電位V_{C2}が

$$V_{C2} = V_{CEsat6} + V_{on} \tag{5.21}$$

となるため，トランジスタTr_3とTr_4には十分なベース・エミッタ間電圧が加わらず，これらのトランジスタもオフする．したがって，出力端子は電気的に分離される．

一方，$\overline{V_{EN}}$がLレベルの場合，Tr_6はオフし，ダイオードDにも電流が流れ

ない．この結果，この回路は標準 TTL NAND 回路と同じ働きをする．

5.5.4 市販の TTL 回路

現在，TTL 回路は，NAND ゲートや NOR ゲート単体として市販されており，特定用途向けに NAND ゲートや NOR ゲートを組み合わせて，新たに大規模な集積回路を設計することは一般には無い．市販の TTL 回路は，標準 TTL 回路，オープンコレクタ TTL 回路，トライステート TTL 回路といった，機能による分類以外に，消費電力や応答速度によっても分類されている．ショットキ TTL 回路は，既に述べたように，標準 TTL 回路よりも応答速度が速い．ショットキ TTL 回路の応答速度をさらに速くした TTL 回路として，**Advanced ショットキ TTL(AS-TTL)** 回路がある．AS-TTL 回路は，サイズの小さい，高速のトランジスタを用いて応答速度を高めている．また，消費電力を低減した TTL 回路として，**Low-power TTL(L-TTL)** 回路や **Low-power ショットキ TTL(LS-TTL)** 回路がある．LS-TTL 回路の応答速度をさらに速くした **Advanced Low-power ショットキ TTL(ALS-TTL)** 回路も市販されている．

5.6 ECL 回路

ショットキダイオードクランプトランジスタを用いること以外に，蓄積時間を短縮する方法として，論理回路中のトランジスタが飽和領域で動作しないように論理回路の入力電圧に制限を加える方法がある．**ECL(Emitter-Coupled Logic)** 回路は，**Current Mode Logic** 回路とも呼ばれ，トランジスタを飽和させずに高速に論理演算を行う回路である．単に，ECL と呼ばれることも多い．ECL 回路は，市販されている以外にも，特に高速の計算機用などの特定用途向け集積回路としても実現されている．

5.6.1 ECL 基本回路

ECL 回路は，Current Mode Logic 回路とも呼ばれるように，トランジスタに流れる電流を制御することにより，論理演算を実現する回路である．図 5.20

5.6 ECL 回路

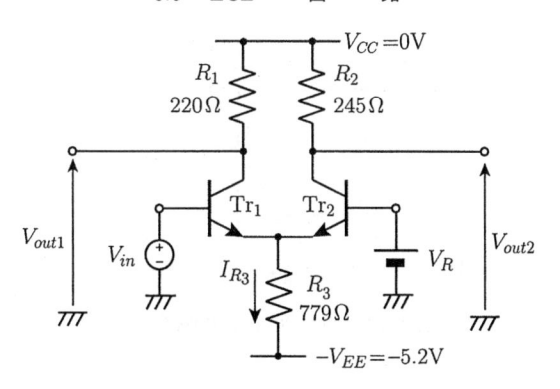

図 5.20 基本 ECL NOT 回路

に ECL 回路の基本回路を示す.

負の値の直流電圧源が用いられていることに注意して，図 5.20 の基本 ECL 回路の動作を解析する．まず入力電圧 V_{in} が十分低く，Tr_1 がオフしており，電流は Tr_2 だけに流れているとする．このとき抵抗 R_3 を流れる電流 I_{R3} は

$$I_{R3} = \frac{V_R - V_{BEon2} - (-V_{EE})}{R_3} \simeq 4.1\mathrm{mA} \tag{5.22}$$

である．ただし，$V_R = -1.3\mathrm{V}$ であり，$V_{BEon2} = 0.7\mathrm{V}$ としている．これより，出力電圧 V_{out1} 並びに V_{out2} は

$$V_{out1} = V_{CC} - R_1 I_{C1} = V_{CC} = 0\mathrm{V} \tag{5.23}$$

$$V_{out2} = V_{CC} - R_2 I_{C2} \simeq V_{CC} - R_2 I_{R3} \simeq -1.0\mathrm{V} \tag{5.24}$$

となる．ここで Tr_2 のベース・コレクタ間電圧 V_{BC2} を求めると

$$V_{BC2} = V_R - V_{out2} < 0 \tag{5.25}$$

となり，Tr_2 は飽和領域ではなく，能動活性領域で動作していることがわかる．

次に V_{in} が高くなり，V_R と一致した場合，Tr_1 と Tr_2 はともに能動活性領域で動作する．Ebers-Moll モデルに基づけば，能動活性領域で動作するトランジスタに流れるコレクタ電流はコレクタに接続される素子に無関係に定まる．したがって，抵抗 R_1 および R_2 を除く部分の回路の対称性から I_{C1} と I_{C2} が等しくなる．このことから，I_{C1} と I_{C2} は

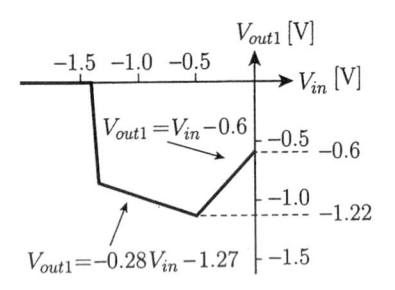

図5.21 基本ECL回路の特性

$$I_{C1} = I_{C2} = \frac{V_R - V_{BEon} - (-V_{EE})}{2R_3} \simeq 2.1\mathrm{mA} \tag{5.26}$$

となる.ただし,V_{BEon}はTr_1及びTr_2のベース・エミッタ間オン電圧である.また,V_{out1}とV_{out2}は

$$V_{out1} = V_{CC} - R_1 I_{C1} \simeq -0.45\mathrm{V} \tag{5.27}$$

$$V_{out2} = V_{CC} - R_2 I_{C2} \simeq -0.50\mathrm{V} \tag{5.28}$$

となる.

V_{in}をV_Rよりも高くしていくと,やがてTr_2がオフし,Tr_1だけに電流が流れる.さらに,V_{in}を高くすると,Tr_1が飽和領域で動作することになる.Tr_1が飽和している場合は,Tr_2はオフしていると考えられるので,I_{C1}は

$$I_{C1} = \frac{V_{in} - V_{BEon1} - (-V_{EE})}{R_3} \tag{5.29}$$

となる.Tr_1が飽和領域で動作し始めるのは,Tr_1のコレクタ・エミッタ間電圧が,コレクタ・エミッタ間飽和電圧V_{CEsat}と等しくなるV_{in}からである.すなわち,

$$V_{CEsat} = V_{C1} - (V_{in} - V_{BEon1}) \tag{5.30}$$

が成り立つ値までV_{in}を加えることができる.V_{C1}は,式(5.29)から

$$V_{C1} = V_{CC} - R_1 I_{C1} = -R_1 I_{C1} = -\frac{R_1(V_{in} - V_{BEon1} + V_{EE})}{R_3} \tag{5.31}$$

である.これを式(5.30)に代入すると,Tr_1が飽和領域で動作し始めるV_{in}を

$$V_{in} = V_{BEon1} - \frac{R_1}{R_1 + R_3}V_{EE} - \frac{R_3}{R_1 + R_3}V_{CEsat} \simeq -0.52\mathrm{V} \tag{5.32}$$

と求めることができる．

V_{in} が $-0.52\mathrm{V}$ よりも小さい場合，Tr_1 は能動活性領域で動作し，Tr_2 はオフしているので，I_{C1} は式 (5.29) で与えられる．これより，V_{out1} を

$$V_{out1} = V_{CC} - R_1 I_{C1} = -0.28 V_{in} - 1.27\mathrm{V} \tag{5.33}$$

と求めることができる．ただし，$V_{BEon1} = 0.7\mathrm{V}$ としている．

V_{in} が $-0.52\mathrm{V}$ を越え，Tr_1 が飽和領域で動作すると，飽和領域で動作するトランジスタのベース・コレクタ間電圧はほぼ一定と考えられるので，V_{out1} は

$$V_{out1} = V_{in} - V_{BCon1} = V_{in} - 0.6\mathrm{V} \tag{5.34}$$

と表される．ただし，Tr_1 のベース・コレクタ間オン電圧 V_{BCon1} を $0.6\mathrm{V}$ 一定としている．

得られた結果を図示すると図 5.21 となる．基本 ECL 回路の論理振幅は約 0.8V であり，トランジスタ Tr_1 を飽和領域で動作させないために，V_{in} を $-0.52\mathrm{V}$ 以下としなければならない．このように ECL 回路は雑音余裕が小さい．

5.6.2 市販の ECL 回路

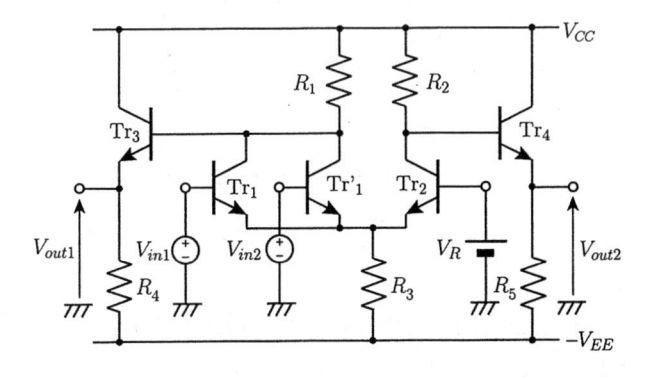

図 5.22 ECL OR/NOR 回路

図 5.20 に示した回路は，トランジスタ Tr_1 のコレクタ端子から出力を取り出すと NOT 回路として動作し，Tr_2 のコレクタ端子から出力を取り出すとバッファとして動作する．OR 回路や NOR 回路を実現するためには，図 5.20 のトランジスタ Tr_2 やその周辺部分はそのままとし，図 5.22 に示すように，Tr_1 に，

ベース端子のみが別となっているトランジスタを接続すれば良い．図5.22のTr_1またはTr'_1の少なくともいずれか一方がオンすると，Tr_2がオフし，Tr_1やTr'_1がともにオフしていると，Tr_2がオンする．この結果，Tr_3のエミッタ端子から出力を取り出すとNOR回路として，Tr_4のエミッタ端子から出力を取り出すとOR回路として動作する．図5.22では，出力を抵抗が接続されている節点から直接取り出すのではなく，トランジスタを介して取り出している．トランジスタがオンしていると，そのベース・エミッタ間オン電圧は0.7〜0.8V程度であるため，図5.22に他のECL回路が接続される場合，接続されたECL回路の入力電圧は$-0.52V$を越えることはない．このように，トランジスタが飽和領域で動作しない工夫がなされている．

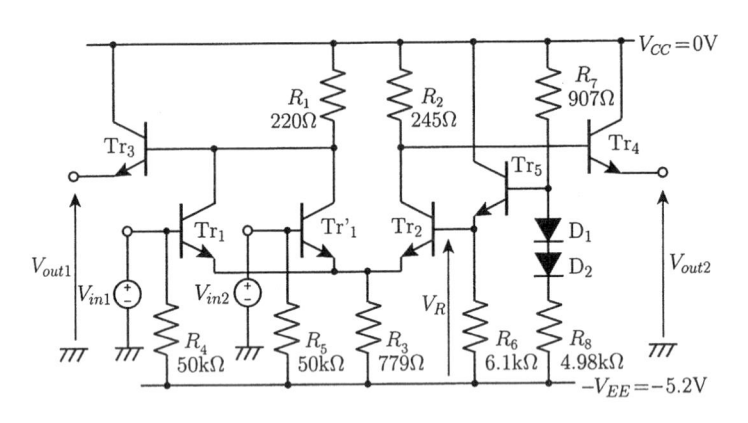

図5.23 市販のECL OR/NOR回路

市販されているECL回路を図5.23に示す．図5.23のECL回路は，出力端子を他のECL回路に接続した場合のみ，出力用のトランジスタであるTr_3やTr_4に電流が流れるように工夫されている．また，出力V_{out1}は2個の入力の否定論理和に相当する電圧，出力V_{out2}は論理和に相当する電圧となる．この回路ではいずれのトランジスタも飽和しないため，極めて高速に論理演算を行うことができ，平均伝搬遅延時間は0.8〜2nsである．また，高速の計算機を実現するために，集積回路上に実現したECL回路では，ゲート1個当たり10ps以

5.6 ECL 回路

下の平均伝搬遅延時間を実現している．

[問 5.7] 図 5.23 の V_R を求めよ．ただし，ダイオードのオン電圧とトランジスタのベース・エミッタ間オン電圧を共に 0.7V とする．

5.6.3 ECL 回路の問題点

ECL 回路の問題点として雑音余裕が小さいことは既に述べた．もう一つの ECL 回路の問題点は，AND 回路や NAND 回路が実質的に存在しないことである．図 5.24 のように，入力側のトランジスタを縦積みにすることにより，ECL 回路でも AND 回路や NAND 回路を実現できる．しかし，図 5.24 の 2 個の入力端子に同じ入力電圧が加わった場合，トランジスタ Tr'_1 のコレクタの電位は，トランジスタ Tr_1 のベース電位から Tr_1 のベース・エミッタ間電圧分低い電位となる．Tr_1 と Tr'_1 のベース電位は等しいので，Tr'_1 のコレクタ・エミッタ間電圧はほぼ 0V となり，トランジスタ Tr'_1 は能動活性領域でなく，飽和領域で動作していることになる．ECL 回路は，トランジスタが飽和領域で動作しないことにより，その高速性を維持している回路であるので，Tr'_1 が飽和領域で動作するということは高速性が失われることを意味する．このような理由から，ECL 回路では AND 回路や NAND 回路を実現することはない．

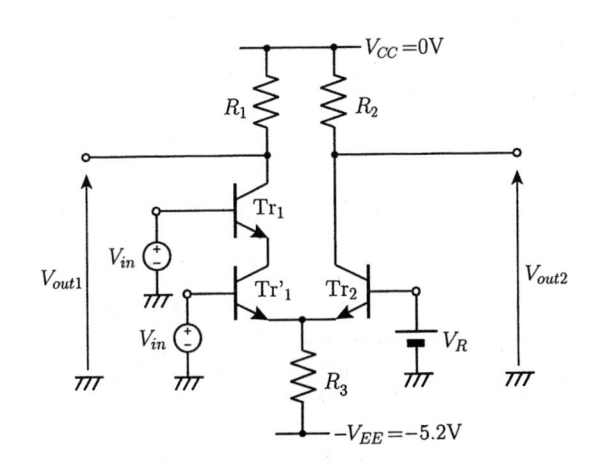

図 5.24 ECL AND/NAND 回路

演 習 問 題

(1) 図 5.25 は，ダイオードと抵抗による AND 回路と OR 回路を縦続接続した回路である．ただし，ダイオードの特性は図 2.9 とし，オン電圧 V_{on} を 0.7V とする．V_{in} を 0V から 5V まで変化させた場合の V_{out} を図示せよ．

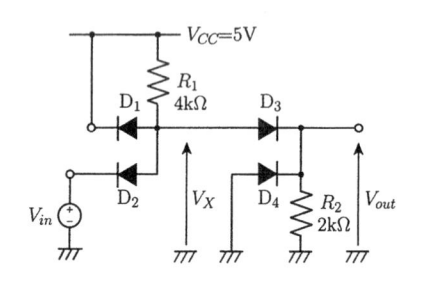

図 5.25 演習問題 (1)

(2) 図 5.1 において，入力電圧 V_{in} を 0V から 5.0V まで変化させた場合の V_{out} を図示せよ．ただし，電源電圧 V_{CC} を 5.0V，抵抗 R_L を 1kΩ，R_B を 4kΩ とする．また，バイポーラトランジスタの等価回路として図 5.26 を用い，各等価回路はベース・エミッタ間電圧 V_{BE} 及びベース・コレクタ間電圧 V_{BC} が括弧内の不等式を満足する場合に用いることができるものとし，V_{BEon} を 0.7V，V_{CEsat} を 0.1V，β_F を 50 とする．(ヒント：入力電圧 V_{in} を 0V から 5V まで変化させると，トランジスタの動作領域は遮断領域から能動活性領域を経て飽和領域へと移る．)

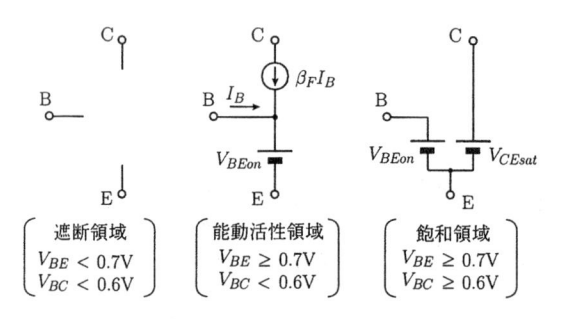

図 5.26 演習問題 (2)

(3) 図 5.27(a) は，基本 TTL NOT 回路である．図 5.27(b) に示すトランジスタの等価回路を用いて以下の問に答えよ．ただし，各等価回路は，ベース・エミッタ間電圧 V_{BE} 及びベース・コレクタ間電圧 V_{BC} が括弧内の不等式を満足する場合に用いることができるものとし，等価回路中の V_{BEon} を 0.7V，V_{BCon} を 0.6V，コレクタ・エミッタ間飽和電圧 V_{CEsat} を 0.1V，順方向電流増幅率 β_F を 50，逆方向電流増幅率 β_R を 1 とする．

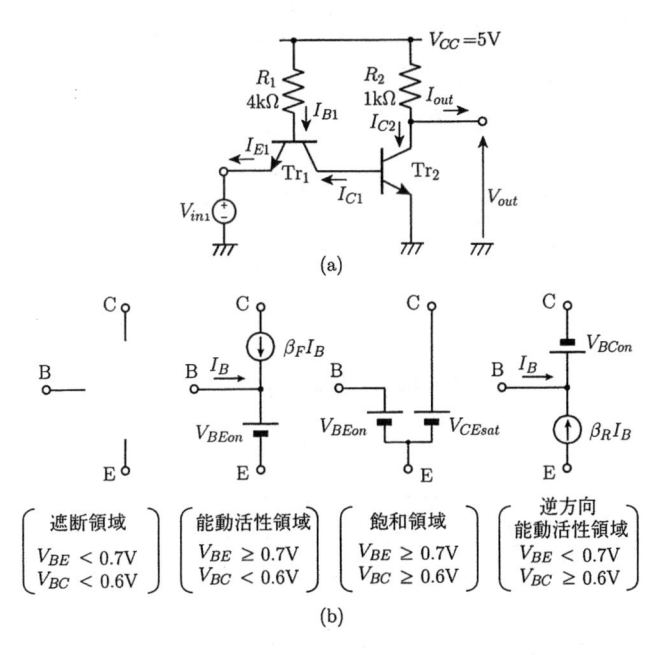

図 5.27 演習問題 (3)

(a) $V_{in}=0.1V$ のとき，I_{E1} 及び V_{out} を求めよ．ただし，$I_{out}=0$ とする．

(b) $V_{in}=2.4V$ のとき，I_{E1} 及び V_{out} を求めよ．ただし，$I_{out}=0$ とする．

(c) V_{out} が 2.4V 以上であるための，I_{out} の最大値を求めよ．

(d) トランジスタ Tr_2 が飽和領域で動作するための，$-I_{out}$ の最大値を求めよ．（ヒント：飽和領域では，$I_C < \beta_F I_B$ が成り立っている．）

(e) TTL 回路の規格では，H レベルの最小値が 2.4V となっている．図 5.27(a) の回路のファンアウトを求めよ．

(4) 図 5.28(a) と (b) はそれぞれ，出力電圧が H レベルのときの標準 TTL 回路とショットキ TTL の出力回路を表している．$V_{CC} = V_{C2} = 5.0\text{V}$, 抵抗 $R = 3.5\text{k}\Omega$ として以下の問に答えよ．ただし，トランジスタは能動活性領域で動作し，その等価回路を図 2.26 とし，β_F を 50, V_{BEon} を 0.7V とする．また，ダイオードは図 2.9 の特性を有し，オン電圧を 0.7V とする．

(a) $I_{out} = 1.0\text{mA}$ のとき，図 5.28(a) および (b) の I_B を求めよ．

(b) $I_{out} = 2.0\text{mA}$ のとき，図 5.28(a) および (b) の I_B を求めよ．

(c) (a) と (b) の結果から I_B の変化について図 5.28(a) と (b) を比較せよ．

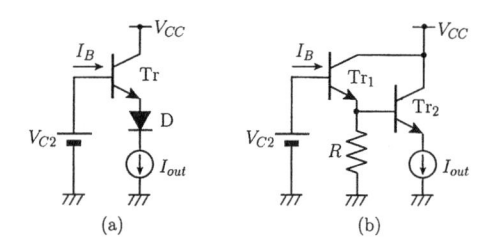

図 **5.28** 演習問題 (4)

(5) 図 5.29 は 2 入力 AND 回路である．以下の場合に分けて，この回路の動作を説明せよ．

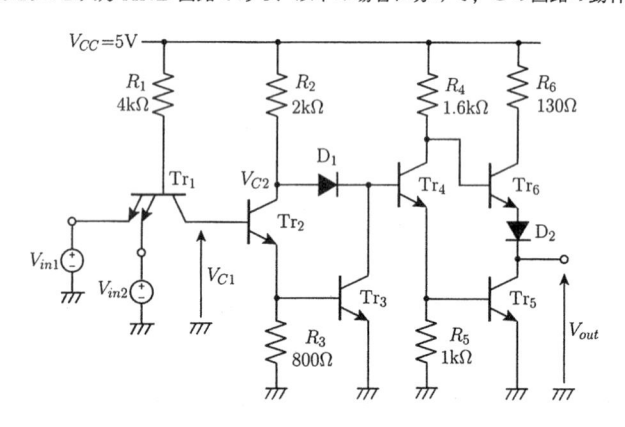

図 **5.29** 演習問題 (5)

(a) 入力 V_{in1} と V_{in2} がいずれも H レベルである時，出力 V_{out} も H レベルとなることを説明せよ．

(b) 入力 V_{in1} と V_{in2} の少なくともいずれか一方が L レベルである時，出力 V_{out} も L レベルとなることを説明せよ．

(6) 図 5.30(a) は基本 ECL 回路のエミッタに接続されている抵抗を電流源で置き換えた回路であり，トランジスタ Tr_1 と Tr_2 が共に能動活性領域で動作しているものとし，$R_1 = R_2 = R$ とする．また，Tr_1 と Tr_2 の等価回路を図 5.30(b) とし，I_E は

$$I_E = I_{ES} \exp \frac{qV_{BE}}{kT} \tag{5.35}$$

であるとする．ただし，I_{ES} はベース・エミッタ間のダイオードの逆方向飽和電流，q は電荷，k はボルツマン定数，T は絶対温度である．V_{out1} と V_{out2} を V_{CC}, V_{EE}, V_{in}, V_R, R, I_{EE}, I_{ES}, q, k, T, α_F を用いて表せ．

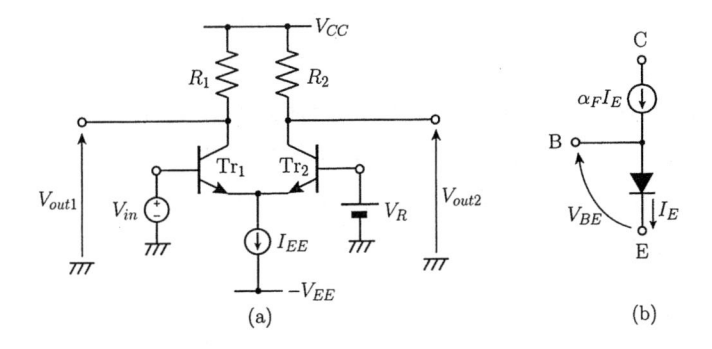

図 5.30 演習問題 (6)

6

フリップフロップ

　これまでに MOS トランジスタやバイポーラトランジスタを用いた基本的な論理回路の構造や動作を説明した．ところで，第 3 章で述べたように，論理回路の種類には組合せ回路と順序回路がある．順序回路は，ある時刻における出力が，その時刻における入力だけでなく過去の入力にも関係して出力が決まる回路である．このため，順序回路には，過去の入力や回路の状態を記憶する機能を持つ構成要素が必要となる．この機能を実現する回路がフリップフロップである．

　本章では，フリップフロップの基本的な構造と動作を説明し，各種のフリップフロップについて述べる．さらに，フリップフロップの応用としてレジスタとカウンタを紹介する．

6.1　2 安定回路とフリップフロップ

　図 6.1 に示すように，2 つの NOT ゲート G_1, G_2 をループ状に接続した回路を考える．この回路で，仮に一方の NOT ゲート G_1 の出力が L レベルであるとする．G_1 の出力はもう一方の NOT ゲート G_2 の入力となっていることから，G_2 の出力は H レベルとなる．さらに G_2 の出力は G_1 の入力となり，したがって G_1 の出力は L レベルとなる．結局，一旦各ゲートの入出力の電圧レベルが図 6.1(b) のように決まると，以後は雑音や外乱の影響がない限り状態は

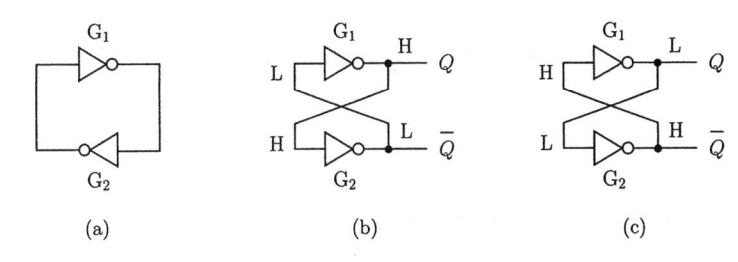

図6.1 2安定回路

変化しない. 図6.1(c) のように, 各ゲートの入出力の H レベルと L レベルがそれぞれ入れ替わった場合も, 同様に安定状態となってそれ以上変化しない.

ここで, 電圧レベルと論理値を正論理, すなわち, H レベルを "1", L レベルを "0" と対応付けし[†], Q をゲート G_1 の出力を表す論理変数とすれば, 図6.1(b) の状態は $Q = 1$ を, また図6.1(c) の状態は $Q = 0$ という情報をそれぞれ保持していると考えることができる. このように, 図6.1 の回路は二つの安定状態を持ち, その状態を保持することから**2安定回路**または**双安定回路**と呼ばれる.

2安定回路に外部入力端子を付加し, いずれの安定状態をとるかを制御できるようにした回路がフリップフロップ[††]である. この際, 二つの安定状態の内, $Q = 1$ に設定することをフリップフロップをセットすると呼び, $Q = 0$ に設定することをリセットすると呼ぶ.

6.2 SRフリップフロップ

図6.1 において, NOTゲートをNORゲートまたはNANDゲートで置き換え, フリップフロップの状態を制御するための入力端子であるセット端子とリセット端子を付加した回路が**SR**フリップフロップ[†††]である. SRフリップフ

[†] 以下では特に断わらない限り正論理で対応付けする.

[††] flip flop. 以下ではフリップフロップをFFと略して表記する場合がある.

[†††] **RS**フリップフロップ, **SR**ラッチとも呼ぶ.

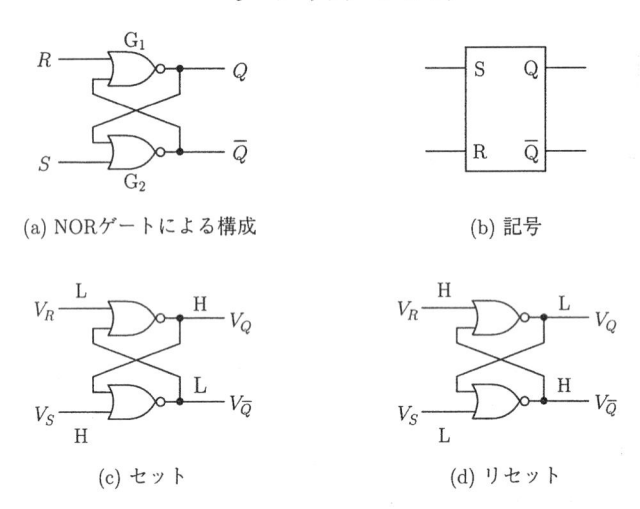

図6.2 (a) NORゲートによる構成　(b) 記号　(c) セット　(d) リセット　NORゲートを用いたSRフリップフロップ

ロップは最も基本的な構成のフリップフロップであり，種々のフリップフロップはSRフリップフロップを基にしている．ここでは，SRフリップフロップの動作原理を説明した後，同期式，マスタスレーブ型，エッジトリガ型などの各種回路構成を示す．

6.2.1　SRフリップフロップの構成

図6.2(a)にNORゲートを用いたSRフリップフロップを，また，同図(b)にその回路記号を示す．

まず，セット端子S及びリセット端子Rに加える電圧V_S及びV_Rが共にLレベルの場合，図6.2(a)の回路は図6.1に示した回路と等価となり，NORゲートG_1及びG_2の出力電圧レベルV_Q及び$V_{\overline{Q}}$は安定状態を保持したままで変化しない．

入力としてV_SをHレベル，V_RをLレベルにすると，図6.2(c)に示す通り，出力V_QがHレベル（$Q=1$）となり安定状態となる．同様に，入力V_RをHレベル，V_SをLレベルにすると，図6.2(d)に示す通り，出力V_QがLレベル（$Q=0$）となり，もう一方の安定状態となる．

6.2 SR フリップフロップ

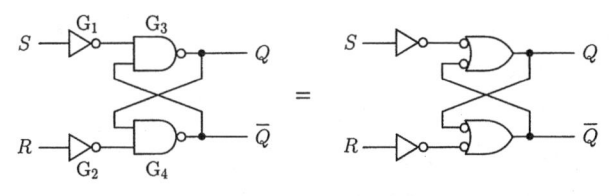

(a) NAND ゲートによる構成

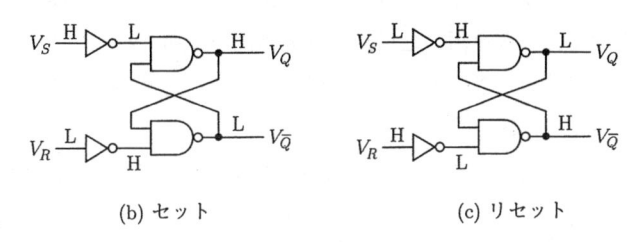

(b) セット　　　　　　　　(c) リセット

図 6.3　NAND ゲートを用いた SR フリップフロップ

表 6.1　SR フリップフロップの入出力の関係

V_S	V_R	V_Q	$V_{\overline{Q}}$
L	L	—	—
L	H	L	H
H	L	H	L
H	H	L	L

(a) NOR ゲートの場合

V_S	V_R	V_Q	$V_{\overline{Q}}$
L	L	—	—
L	H	L	H
H	L	H	L
H	H	H	H

(b) NAND ゲートの場合

以上の関係より,V_S 及び V_R に対応する論理変数をそれぞれ S, R とすれば,入力が $S = R = 0$ では状態が変化せず,$S = 1$ でフリップフロップがセットされ,$R = 1$ でフリップフロップがリセットされることがわかる.

入力電圧 V_S 及び V_R を共に H レベルにした場合,出力 V_Q 及び $V_{\overline{Q}}$ は共に L レベルとなるが,この状態はセットまたはリセットの二つの安定状態のいずれでもなく,外部入力により強制的に保たれている非安定状態とみることができる.この状態から入力 V_S,V_R を同時に L レベルに変化させた場合,二つの安定状態のいずれかに遷移するが,それがセットあるいはリセットのどちらかに

なるかは不定となる．このため，SRフリップフロップでは通常このような入力の組合せを禁止している．

以上の入出力電圧レベルの関係をまとめると表 6.1(a) が得られる．表中の記号 "−" は，電圧レベルが変化しないことを意味している．

図 6.3(a) は NAND ゲートを用いて構成した SR フリップフロップである．入出力電圧レベルの関係を示す表 6.1(b) から明らかなように，禁止入力の場合を除いて NOR ゲートを用いた構成と機能は同一である．二つの入力を共に H レベルにした場合は，NOR ゲートを用いた場合と同様禁止入力であり，この場合，出力 V_Q 及び $V_{\overline{Q}}$ は共に H レベルとなる．

図 6.3(a) に示した NAND ゲートを用いた構成において，入力の NOT ゲート G_1 及び G_2 を取り除いても SR フリップフロップとしての基本的な動作は変わらない．この場合には，入力を負論理で考えれば NOR ゲートを用いた構成と機能は同一となる．

[問 6.1]　図 6.3(a) の回路の出力にそれぞれ NOT ゲートを接続した回路は，図 6.2(a) の回路と等価となることを示せ．

6.2.2　特性表と特性方程式

SR フリップフロップにおいて，現在の入力が加わる直前の出力の安定状態を Q^n，現在の入力が加わった直後の安定状態を Q^{n+1} とそれぞれ表すことに

表 **6.2**　SR フリップフロップの特性表

S	R	Q^n	Q^{n+1}
0	0	0	0
0	0	1	1
0	1	0	0
0	1	1	0
1	0	0	1
1	0	1	1
1	1	0	*
1	1	1	*

(a)

S	R	Q^{n+1}
0	0	Q^n
0	1	0
1	0	1
1	1	*

(b)

6.2 SR フリップフロップ

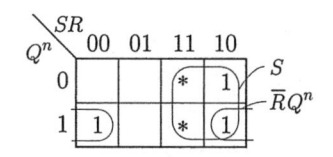

```
      SR
   Q^n   00  01  11  10
    0         *   1   S
    1    1    *   1   R̄Q^n
```

図 6.4 表 6.2(a) から求めたカルノー図

すると，表 6.1 より表 6.2(a) の関係が得られる．表中の "*" は禁止入力による不定状態を表している．また，表 6.2(a) は表 6.2(b) のように表すこともできる．このように，フリップフロップの現在の状態と入力に対し，次にとる状態の関係を示した表を**特性表**と呼ぶ．

表 6.2 より図 6.4 に示すカルノー図が得られる．ここで "*" は禁止入力に対応する場合を示しており，これを禁止項と考えて簡単化を行うと，以下の論理式が得られる．

$$Q^{n+1} = S + \overline{R}Q^n \tag{6.1}$$

この式を SR フリップフロップの**特性方程式**と呼ぶ．

6.2.3 同期式フリップフロップ

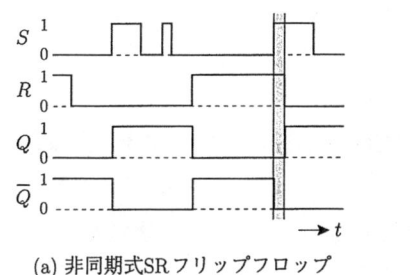

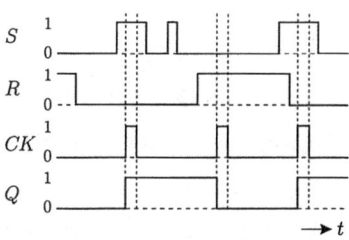

(a) 非同期式 SR フリップフロップ　　(b) 同期式 SR フリップフロップ

図 6.5 同期式 SR フリップフロップの動作

図 6.2 や図 6.3 に示したフリップフロップは，入力が加わった時点で状態が直ちに変化する．このような回路構成では，たとえば，図 6.5(a)[†]に示すよう

[†] この図のように，各信号の電圧レベルまたはそれに対応する論理値の時間的な相互関係を表す図を**タイミングチャート**と呼ぶ．

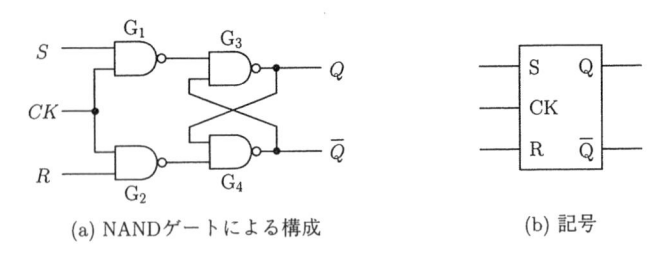

(a) NANDゲートによる構成 (b) 記号

図 6.6 同期式 SR フリップフロップの構成

に $(S, R) = (0, 1) \to (1, 0)$ と変化する場合, R 入力の立ち下がりが S 入力の立ち上がりより遅れると, 一時的に $(S, R) = (1, 1)$ という禁止入力が生じ, それに起因する誤動作が生じる可能性がある. このように, ゲートの伝搬遅延などによる信号のタイミングのずれに起因し, 本来の論理演算では想定しない動作が生じることを**ハザード**と呼ぶ.

ハザードを防ぐために, 入力が確定した時点で, ある一定期間のみ入力を受け付けるようにした回路構成が用いられる. 図 6.6 は NAND ゲートで構成した例であり, **同期式 SR フリップフロップ**と呼ばれる[†]. 図 6.6 の回路では, 図 6.5(b) に示すように, クロックパルス CK に同期して $CK = 1$ の期間中のみ入力 S 及び R の値が有効となり, それに応じて出力が決まる.

6.2.4 セット優先 SR フリップフロップ

同期式 SR フリップフロップでは, $CK = 0$ である場合, 禁止入力のことを考慮する必要はない. しかし, $CK = 1$ の区間では, 非同期式 SR フリップフロップと同一となり, このとき禁止入力が加わると, その直後に $CK = 0$ となった時点での出力は不定となってしまう.

これに対し, 同期式 SR フリップフロップ回路を一部変形した図 6.7 の回路では, 禁止入力時にリセット入力が抑圧され, セット入力のみが有効となることから上記の問題は生じない. この回路を**セット優先 SR フリップフロップ**と呼び, その特性表を表 6.3 に示す.

[†] これに対し, 図 6.2 や図 6.3 の構成を非同期式 SR フリップフロップと呼ぶこともある.

表 6.3　セット優先 SR-FF の特性表

S	R	Q^{n+1}
0	0	Q^n
0	1	0
1	0	1
1	1	1

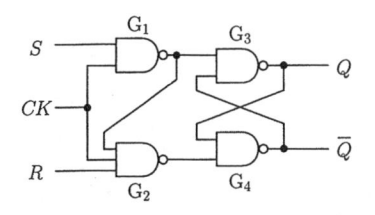

図 6.7　セット優先 SR フリップフロップ

[問 6.2]　禁止入力時にリセットを優先する回路を構成せよ．

6.2.5　マスタスレーブフリップフロップ

同期式 SR フリップフロップでは，クロックパルスのタイミングを適切に選ぶことにより，ハザードを避けることができるが，$CK = 1$ の期間において，セット入力やリセット入力の値が変化すると，その時点で出力が直ちに変化するために生じる問題がある．

例として，同期式 SR フリップフロップを多段に縦続接続した図 6.8 の回路[†]を考える．本来この回路の機能は，クロックパルスが $CK = 1$ となる度に，各フリップフロップが現在保持している状態を次段のフリップフロップに転送し，次のクロックパルスが入力されるまで，転送された新たな状態を保持することにある．

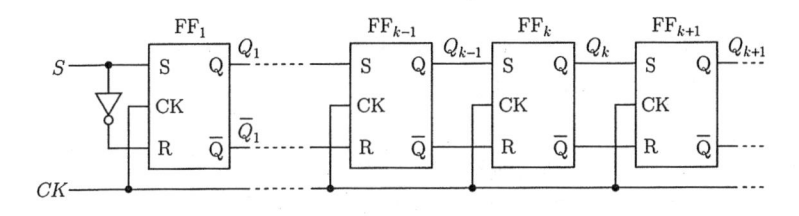

図 6.8　SR フリップフロップの多段接続

しかし，図 6.8 の回路では，$CK = 1$ の期間に前段の出力 Q_{k-1} の変化が起こると，それに応じて Q_k も変化する．これは $(k+1)$ 段目の入力変化となる

[†]　シフトレジスタと呼ばれる．6.7.2 節参照．

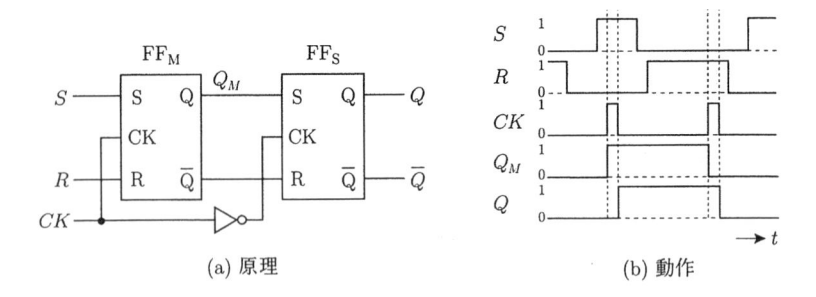

図 6.9 マスタスレーブ SR フリップフロップ

ため，次段の出力 Q_{k+1} も変化してしまう．したがって，$CK=1$ の期間中に1段目の出力が変化すると，これが2段目以降へと順次伝搬していき，すべてのフリップフロップの状態を変えてしまうことになる．このような現象をレーシングと呼ぶ．

レーシングは，$CK=1$ の状態で入力の変化が直ちに出力に伝わることが原因であるから，これを防ぐためには，$CK=1$ の期間ではフリップフロップの出力が変化せず，次に $CK=0$ となった時点で初めて出力が変化するようにすればよい．これを SR フリップフロップの2段構成により実現したのが図 6.9(a) であり，**マスタスレーブ SR フリップフロップ**と呼ぶ．

マスタスレーブ SR フリップフロップでは，図 6.9(b) に示すように，$CK=1$ で前段のフリップフロップ FF_M（マスタフリップフロップ）の状態が変化し，次に $CK=0$ となった時点で後段のフリップフロップ FF_S（スレーブフリッ

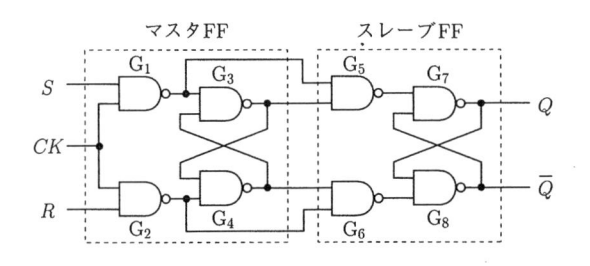

図 6.10 マスタスレーブ SR フリップフロップの構成例

プフロップ）の状態が変化して出力が確定する．

図 6.10 に NAND ゲートで構成したマスタスレーブ SR フリップフロップを示す．$G_1 \sim G_4$ 及び $G_5 \sim G_8$ がそれぞれ同期式 SR フリップフロップを構成しており，マスタフリップフロップとスレーブフリップフロップに対応する．また，スレーブフリップフロップのクロックパルスを，マスタフリップフロップを構成する NAND ゲート G_1, G_2 の出力から得ることにより，NOT ゲートを省略している．

[問 6.3]　図 6.10 に示した回路の動作をタイミングチャートを描いて説明せよ．

6.2.6　エッジトリガフリップフロップ

マスタスレーブフリップフロップの問題点は，クロックパルス幅に相当する時間だけ出力に遅延が生じることと，$CK = 1$ の期間中にマスタフリップフロップの入力が変化すると誤動作の原因となる場合があることである．この問題を解決したのが，エッジトリガフリップフロップである．

(a) ポジティブエッジトリガ　　　(b) ネガティブエッジトリガ

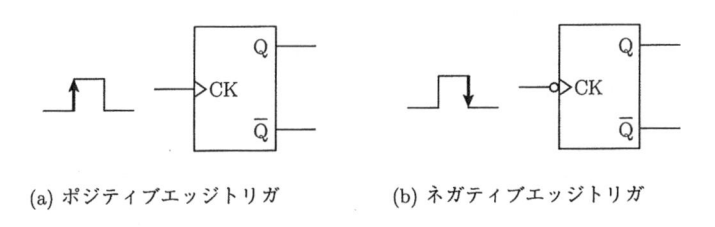

図 6.11　エッジトリガフリップフロップ

エッジトリガフリップフロップではクロックパルスが L レベルから H レベルに変化する瞬間の入力が有効になり，それ以外の期間では入力の値にかかわらず出力は変化しない．このように，クロックパルスの立ち上がり時の入力により出力が決まるフリップフロップをポジティブエッジトリガフリップフロップと呼び，図 6.11(a) に示すクロック入力記号で表す．同様に，クロックパルスの H レベルから L レベルへの立ち下がり時の入力により出力が決まるフリップフロップをネガティブエッジトリガフリップフロップと呼び，図 6.11(b) に

160   6　フリップフロップ

示す記号を用いる．

　この他にも，クロックパルスのLレベルからHレベルへの立ち上がり時に入力を取り込み，取り込んだ入力に対応する出力が次のクロックパルスの立ち下がり時に現れるタイプのフリップフロップもあり，データロックアウト型と呼ばれている．

　図6.12にネガティブエッジトリガ SR フリップフロップの構成例を，また，

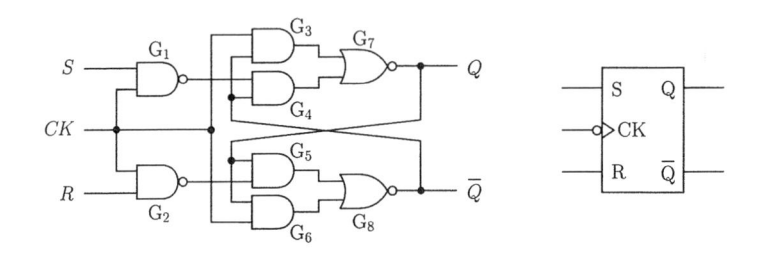

図 **6.12**　エッジトリガ SR フリップフロップの構成例

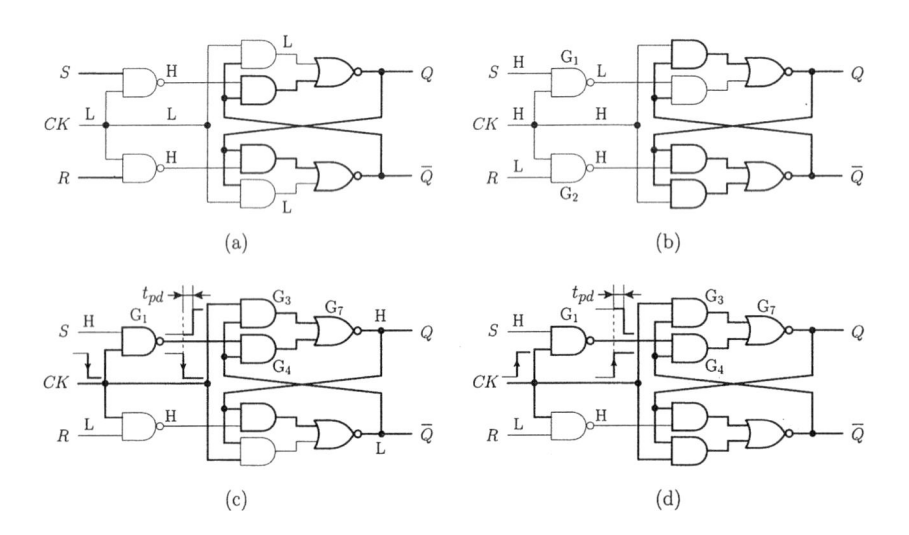

(a)　(b)　(c)　(d)

図 **6.13**　図 6.12 のエッジトリガ SR フリップフロップの動作

図6.13に動作の様子を示す†．この回路では，クロック入力がLレベル一定の場合，図6.13(a)に示す通り，S入力，R入力の値は出力に影響せず，フリップフロップは直前の安定状態を保つ．また，クロック入力がHレベル一定の場合も同様で，S入力がHレベル，R入力がLレベルの場合，図6.13(b)に示す通り，フリップフロップは直前の安定状態を保つ．S入力がLレベル，R入力がHレベルの場合も，回路が対称であるため同様となる．さらに，S入力，R入力が共にLレベルでも，入力の二つのNANDゲートG_1, G_2の出力とCK入力がすべてHレベルであることから，出力には影響しない．

次に，S入力がHレベル，R入力がLレベルの状態で，CK入力がHレベルからLレベルに変化した場合を考える．これは，図6.13(b)から図6.13(a)へ状態が変化する場合と考えることができる．この場合，図6.13(c)に示すように，NANDゲートG_1の出力が，CK入力に比べてゲートの平均伝搬遅延時間t_{pd}だけ遅れて現れる結果，ANDゲートG_3, G_4の出力がいずれもLレベル，すなわちQを出力するNORゲートG_7の入力が同時にLレベルになる期間が生じる．このため，この期間にフリップフロップはセット状態となり，それ以後は図6.13(a)となってこの状態が保持される．

S入力がLレベル，R入力がHレベルの状態で，CK入力がHレベルからLレベルに変化した場合も同様であり，回路の対称性より，フリップフロップはリセット状態となる．なお，S, R入力が共にLレベルの場合は，入力段の二つのNANDゲートG_1, G_2の出力が共にHレベルとなるため，出力は変化しない．

一方，CK入力がLレベルからHレベルに変化する場合には，図6.13(d)に示すように，NANDゲートG_1の平均伝搬遅延時間を考慮すると，Qを出力するNORゲートには常に$\overline{Q}$の値が，また，$\overline{Q}$を出力するNORゲートには常にQの値がそれぞれ入力されていることになり，その結果安定状態を保ち，出力も変化しない．

---

† 図中，細線で描いた部分はフリップフロップの動作に影響しないことを表す．以下同様．

6.3 JKフリップフロップ

SRフリップフロップにおける禁止入力の制約を取り除き，状態が反転する動作を付加したフリップフロップが**JK**フリップフロップである．JKフリップフロップは，カウンタや順序回路などの基本構成要素として広く用いられている．

表 6.4 JK-FF の特性表

J	K	Q^{n+1}
0	0	Q^n
0	1	0
1	0	1
1	1	$\overline{Q^n}$

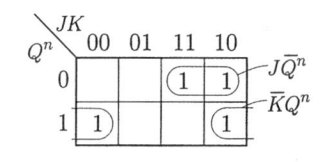

図 6.14 JKフリップフロップのカルノー図

6.3.1 JKフリップフロップの構成

JKフリップフロップの特性表を表 6.4 に示す．JKフリップフロップの動作は，基本的には S 入力を J に，R 入力を K にそれぞれ置き換えた SR フリップフロップと等価であるが，SRフリップフロップにおいて禁止入力であった $(S,R) = (1,1)$ の場合にも動作が定義されている．すなわち，入力として $(S,R) = (1,1)$ が加わった場合，JKフリップフロップでは直前の安定状態からもう一方の安定状態に遷移し，それに伴って出力の値が反転する．

JKフリップフロップの特性表からカルノー図を求めると図 6.14 が得られ，同図より JK フリップフロップの特性方程式は

$$Q^{n+1} = J\overline{Q^n} + \overline{K}Q^n \tag{6.2}$$

で与えられる．

図 6.15(a) に JK フリップフロップの基本構成を示す．図から明らかなように，JKフリップフロップは，図 6.6 に示した SR フリップフロップに，出力の

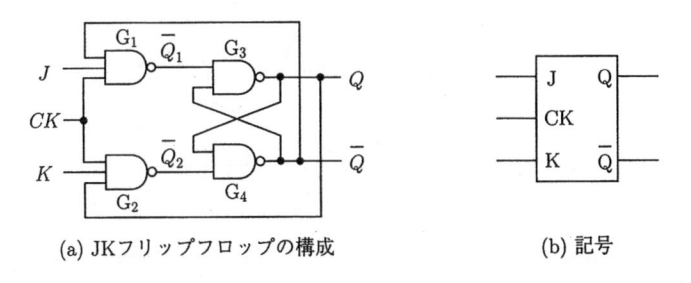

図6.15 JKフリップフロップ

(a) JKフリップフロップの構成

(b) 記号

値を入力に帰還する経路を加えた構造となっている．禁止入力時には，フリップフロップがセット（$Q=1$）されていればリセット入力に相当するK入力が，逆にリセット（$Q=0$）されていればセット入力に相当するJ入力がそれぞれ有効となり，その結果出力が反転する．

6.3.2　マスタースレーブJKフリップフロップ

図6.15(a)に示すJKフリップフロップの構成では，同期式SRフリップフロップの場合と同様，多段に縦続接続した場合レーシングが生じる可能性がある．これに加えて，$(J,K)=(1,1)$に保ったまま$CK=1$の状態が長く続くと，出力が"0"と"1"の反転を繰り返す発振と呼ばれる現象が生じる．

図6.15(a)の回路について，この様子を図6.16に示す．ここでは，各NANDゲートの平均伝搬遅延時間をt_{pd}としている．入力が$(J,K)=(1,1)$の場合，まず，$CK=0\to 1$の変化からt_{pd}だけ遅れてゲートG_2の出力が変化する．

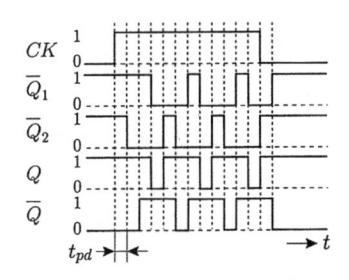

図6.16 JKフリップフロップの発振

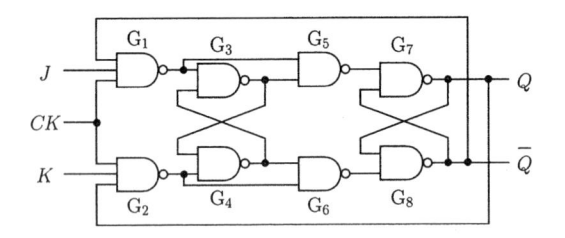

図6.17 マスタスレーブJKフリップフロップの構成例

さらにt_{pd}ずつ遅れてゲートG_4, G_3の出力$\overline{Q}$, Qが反転する．これが入力段のゲートG_1, G_2の入力に帰還され，再び出力が反転する．以後は$CK=1$である限り，周期$T=4t_{pd}$でこの動作を繰り返す．

発振やレーシングは，$CK=1$の状態で入力の変化が直ちに出力に伝わることが原因である．したがって，発振やレーシングを防ぐためには$CK=1$の期間において出力が変化しないようにすればよい．これを実現したのが，図6.17に示すマスタスレーブJKフリップフロップである．この回路は，図6.9に示したマスタスレーブSRフリップフロップを用い，図6.15(a)と同様，出力から入力への帰還経路を付加することによりJKフリップフロップを構成している．

[問6.4] 図6.15(a)の回路において，クロックパルスの幅（$CK=1$の持続時間）がどのような場合に発振を起こす可能性があるか考えよ．

6.3.3 エッジトリガJKフリップフロップ

マスタスレーブJKフリップフロップでも，SRフリップフロップの場合と同様，クロックパルス幅に相当する時間だけ出力に遅延が生じることや，$CK=1$の期間中にマスタフリップフロップの入力が変化すると誤動作の原因となる問題点がある．

これに対し，フリップフロップをエッジトリガ型とすれば，クロックパルスの立ち上がり時または立ち下がり時に出力が確定するため，このような問題は生じない．図6.18にネガティブエッジトリガJKフリップフロップの構成例[†]を

[†] 市販JKフリップフロップLS73Aの等価回路から抜粋．

6.4　Dフリップフロップ

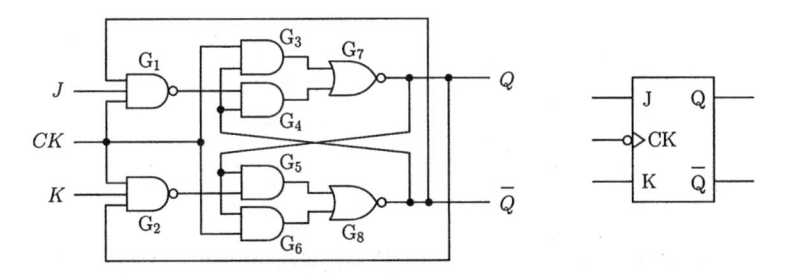

図6.18　ネガティブエッジトリガJKフリップフロップの構成例

示す．この例では，図6.12に示したエッジトリガSRフリップフロップを用いてJKフリップフロップを構成している．

[問6.5]　図6.18に示した回路の動作を説明せよ．

6.4　Dフリップフロップ

特性表が表6.5で示されるフリップフロップを**D**フリップフロップと呼ぶ．Dフリップフロップでは，クロックパルスに同期して現在の入力の値Dが出力Qに現れる．すなわち，次のクロックパルスが入力されるまで直前のデータを保持すると共に，現在の入力データを次のクロックパルスが入力されるまで遅延する機能を持つ．このため，データフリップフロップや遅延フリップフロップとも呼ばれる．

表6.5　Dフリップフロップの特性表

D	Q^{n+1}
0	0
1	1

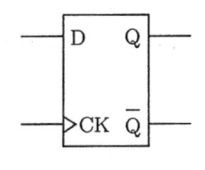

図6.19　Dフリップフロップの記号

図6.20に示す回路は，セット優先SRフリップフロップからリセット端子を省略した構成になっており，$CK=1$の期間中に$Q=D$という出力が現れ

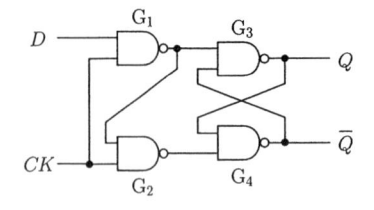

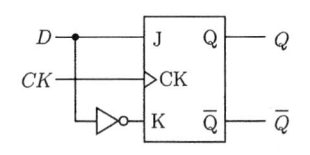

図 6.20　D ラッチ　　　図 6.21　JK-FF を用いた D-FF の構成

る．$CK = 0$ の期間では出力は変化せず，直前の $CK = 1$ の期間での出力の値を保持する．この D フリップフロップは **D ラッチ**と呼ばれている．

図 6.21 は JK フリップフロップと NOT ゲートを用いた D フリップフロップの構成例である．一方，図 6.22(a) は NAND ゲートによりポジティブエッジトリガ D フリップフロップを実現した回路である．

この回路では，CK 入力が L レベルの場合，図 6.22(b) に示す通り出力は変化しない．D 入力が L レベルで，CK 入力が L レベルから H レベルに変化すると，図 6.22(c) に示すように，NAND ゲート G_5 と G_6 で構成された出力段のフリップフロップがリセットされ Q 端子は L レベルとなる．その後 D 入力が変化しても図 6.22(d) に示す通り，出力は変化しない．

D 入力が H レベルの場合も同様で，図 6.22(e) に示す通り，CK 入力が L レベルから H レベルに変化すると，出力段のフリップフロップがセットされ Q 端子に H レベルが現れる．また，その後 D 入力が変化しても図 6.22(f) に示す通り，出力は変化しない．

[問 6.6]　図 6.21 に示した JK フリップフロップを用いた回路の動作を説明せよ．

6.5　T フリップフロップ

特性表が表 6.6 で与えられ，入力 T の値が 1 となる度に出力が反転するフリップフロップを **T フリップフロップ**と呼ぶ．

6.5 Tフリップフロップ

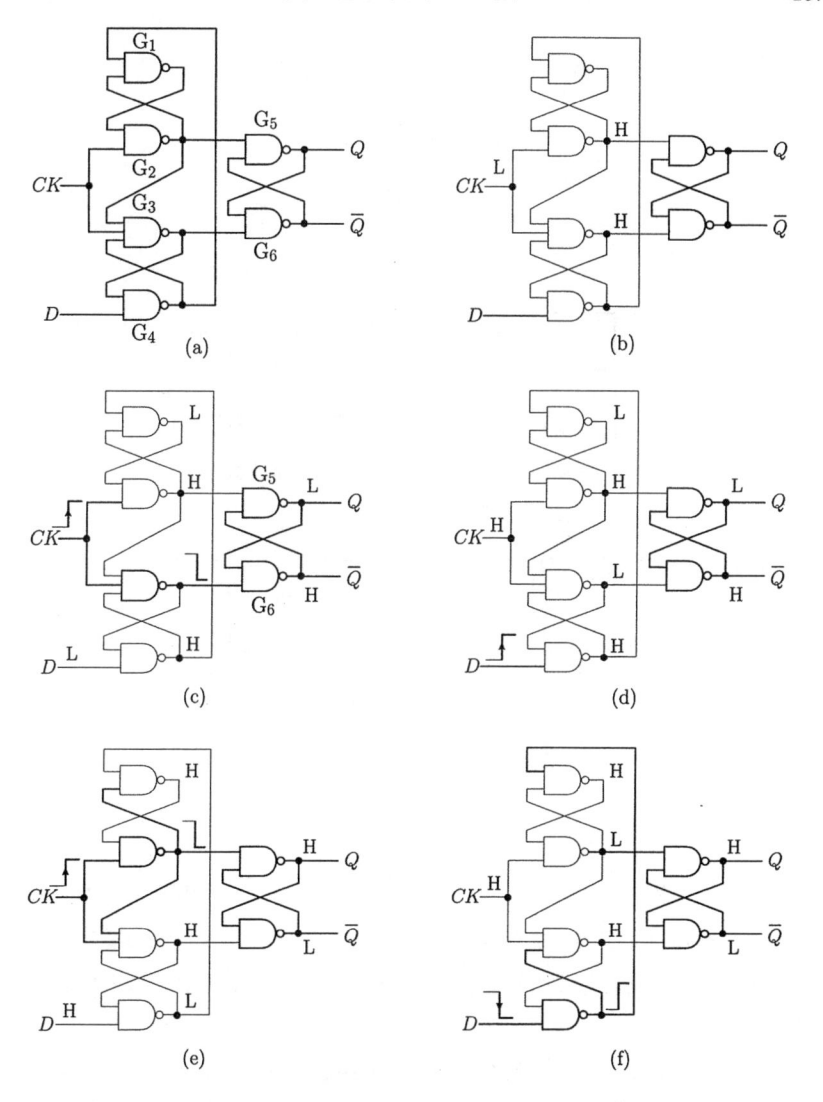

図 6.22 ポジティブエッジトリガ D フリップフロップの構成例とその動作

図 6.23(a) は非同期式の T フリップフロップの記号であり，入力が $T=1$ になった直後に出力が反転する．図 6.23(b) は同期式の T フリップフロップの記

表 6.6 Tフリップフロップの特性表

T	Q^{n+1}
0	Q^n
1	$\overline{Q^n}$

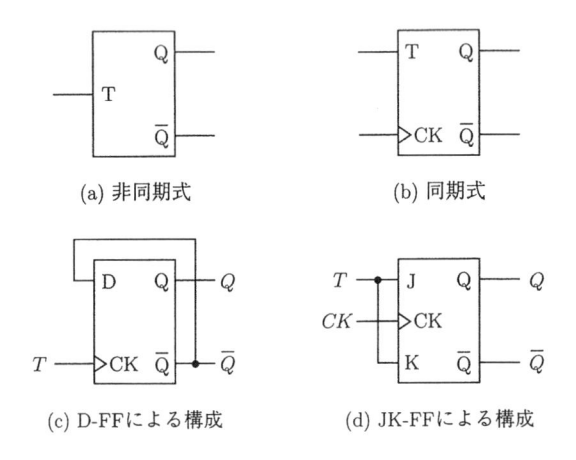

(a) 非同期式

(b) 同期式

(c) D-FFによる構成

(d) JK-FFによる構成

図 6.23 Tフリップフロップ

号であり，入力が $T=1$ になった直後のクロックパルスに同期して出力が反転する．それぞれのTフリップフロップは，DフリップフロップやJKフリップフロップを用いて実現することができ，図 6.23(c), (d) にそれぞれの構成例を示す．

　Tフリップフロップは，これを多段に縦続接続することで，パルスが何個入力されたかを計数する回路（パルスカウンタ）や，パルスの繰り返し周期を定数倍する回路（分周回路）に用いられる．

[問 6.7] JKフリップフロップを用いた非同期式のTフリップフロップの構成を示せ．

6.6 実際のフリップフロップ

これまでに述べたフリップフロップを集積回路化したものが種々市販されている．機能別では，汎用性が高いことからJKフリップフロップの種類が最も多くなっている．一方，クロック入力としてはエッジトリガ型が最も多くなっている．

(a) ポジティブエッジトリガ　　(b) ネガティブエッジトリガ　　(c) マスタスレーブ

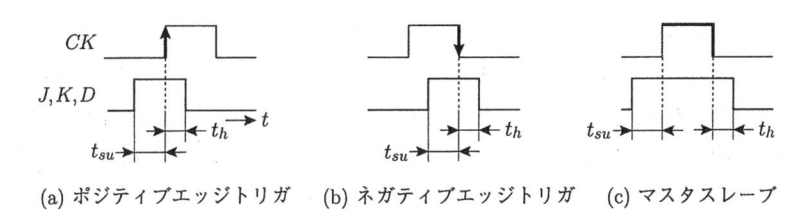

図 6.24　セットアップ時間とホールド時間

実際のエッジトリガフリップフロップでは，図 6.24 に示すようにクロックパルスのエッジの前後のある時間 ($t_{su} + t_h$) の間，J, K, D など各入力の電圧レベルをHレベルまたはLレベルの一定値に保つ必要がある．このようなエッジ直前の保持時間 t_{su} をセットアップ時間と呼び，エッジ直後の保持時間 t_h をホールド時間と呼んでいる．クロック入力がマスタスレーブ型の場合も同様であり，セットアップ時間とホールド時間を図 6.24(c) に示す．

フリップフロップを用いた回路では，電源投入直後や回路全体のリセット後の状態を適当な値に設定したい場合がしばしば生じる．これを実現するために，実際のフリップフロップでは，クリア入力とプリセット入力またはどちらか一方の入力が設けられている場合が多い．

図 6.25(a), (b) にクリア（CLR）入力とプリセット（PR）入力付きエッジトリガJKフリップフロップとDフリップフロップの記号を示す．この図の場合には，CLR入力及びPR入力に負論理を表す記号がついていることから，入力電圧がLレベルで各入力が有効となる．図 6.25(c) に示す通り，クロックパ

図 6.25 (a) JK-FF (b) D-FF (c) 動作

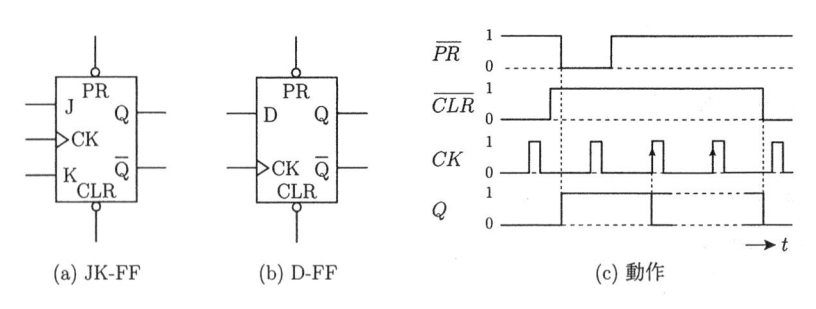

図 6.25 クリア／プリセット入力付きフリップフロップ

ルスとは非同期に，CLR 入力を L レベルとすることでフリップフロップがリセットされ，PR 入力を L レベルとするとセットされる．なお，CLR, PR 入力が共に H レベルの場合，通常のエッジトリガフリップフロップと同一の動作となる．

図 6.26 に実用的に用いられているクリア／プリセット付きポジティブエッジトリガ D フリップフロップの回路[†]を示す．

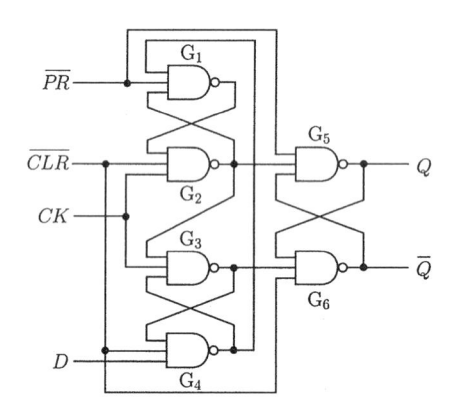

図 6.26 クリア／プリセット入力付き D フリップフロップの構成例

[†] 市販 D フリップフロップ '74 の等価回路から抜粋．

6.7 レジスタ

1個のフリップフロップは1ビットの情報を記憶することができることから，フリップフロップを N 個並べれば N ビットの情報の記憶が可能になる．このように複数個のフリップフロップから構成され，複数ビットの情報を記憶すると共に，必要なときにその情報を取り出すことができる回路をレジスタと呼ぶ．以下では各種レジスタの構成について説明する．

6.7.1 メモリレジスタ

N 個のフリップフロップを用い，任意の N ビットの情報を必要に応じて入力，記憶，そして出力する機能を持った回路をメモリレジスタまたは単にレジスタと呼ぶ．

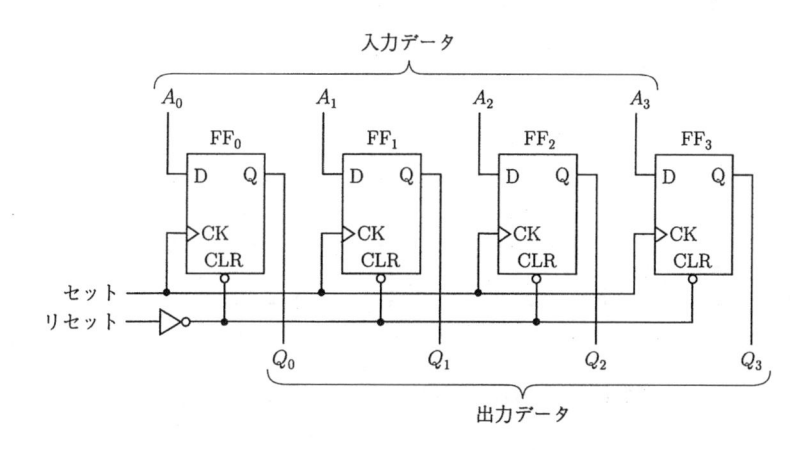

図 6.27 4ビットレジスタの構成例

図 6.27 に4ビットメモリレジスタの構成例を示す．4ビット2進符号 (A_3, A_2, A_1, A_0) を入力とし，セット入力が L レベルから H レベルに変化した時点で入力がフリップフロップに読み込まれ，出力 (Q_3, Q_2, Q_1, Q_0) にその値が現れる．一度読み込まれた値は，次にセット入力またはリセット入力が H レベルに

なるまで保持される．このレジスタはすべてのビットが同時に並列に読み込まれ，並列に出力されることから，**並列入力並列出力レジスタ**と呼ばれる．

6.7.2　シフトレジスタ

レジスタを構成する各フリップフロップが保持している内容を，外部からの信号（シフトパルス）に同期して隣接するフリップフロップに転送する機能を持ったレジスタをシフトレジスタと呼ぶ．シフトレジスタは入出力データの表現形式により，以下の4種類に分類することができる．

(1)　直列入力並列出力シフトレジスタ

2進符号で表現されたデータを伝送する際，Nビットで表現されたデータを，N本の信号線を用いて並列に伝送する方式と，データをクロックパルスに同期して時間軸上に直列にN個配置し，これを1本の信号線を用いて伝送する方式がある．**直列入力並列出力シフトレジスタ**は，直列方式で伝送されてきたデータを，並列データに変換する際に用いられる．

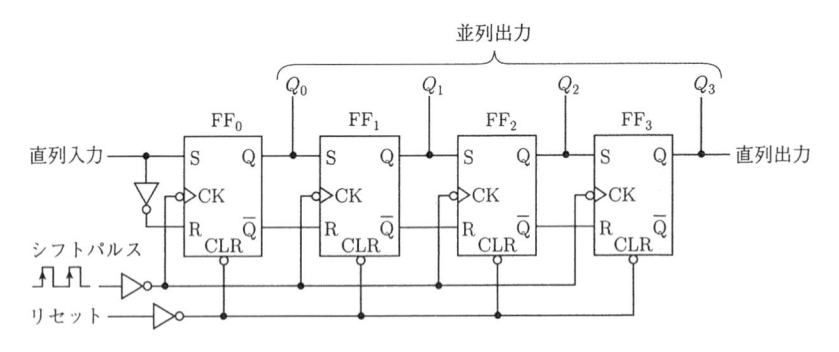

図6.28　直列入力並列出力シフトレジスタの構成例

図6.28に4ビットの直列入力並列出力シフトレジスタの構成例を示す．エッジトリガ型フリップフロップを用いることにより，レーシングが起きないように構成されている．この回路では，時間軸上に配置された各ビットの情報に同期したシフトパルスが入力される度に，それぞれのフリップフロップのデータが右隣にあるフリップフロップに転送される．そして，N個のシフトパルスが入力された時点でNビットの並列データが出力に現れる．

(2) 並列入力直列出力シフトレジスタ

並列入力直列出力シフトレジスタは並列データを直列データに変換するために用いられ，前述の直列入力並列出力シフトレジスタと逆の変換機能を持つ．

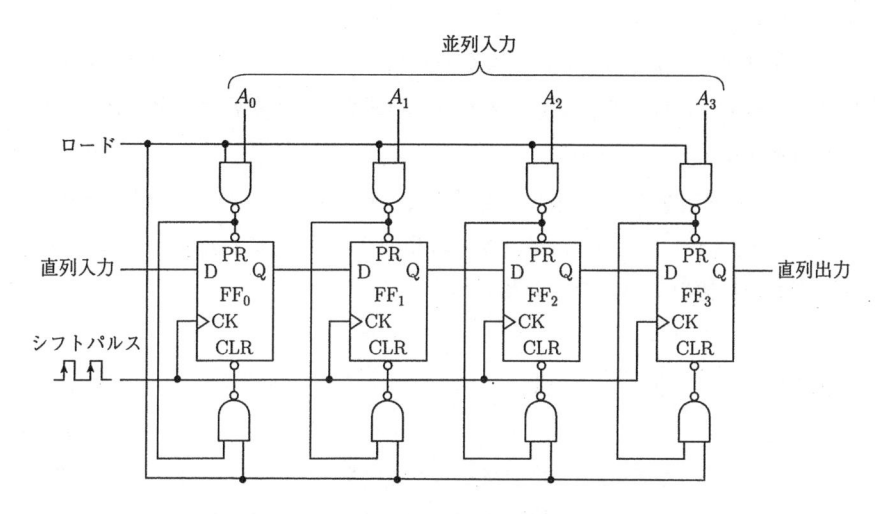

図6.29 並列入力直列出力シフトレジスタの構成例

図6.29に4ビットの並列入力直列出力シフトレジスタの構成例を示す．ロード端子をHレベルにすると，並列データがフリップフロップに取り込まれる．その後，ロード端子をLレベルにした状態で，シフトパルスを入力すると，シフトパルスに同期して直列データがフリップフロップFF_3のQ端子から出力される．

(3) 直列入力直列出力シフトレジスタ

直列入力直列出力シフトレジスタは，入力した直列データをそのまま直列データとして出力する．この際，Nビットの直列データが出力に全て現れるまでにN個のシフトパルスを入力する必要があり，遅延回路の機能として働く．図6.28において，出力としてフリップフロップFF_3のQ端子を，また，図6.29において，入力としてフリップフロップFF_0のD端子をそれぞれ利用すれば，直列入力直列出力レジスタとなる．

(4) 並列入力並列出力シフトレジスタ

並列入力並列出力シフトレジスタは，並列データを入力して並列データを出力するというメモリレジスタの基本的な機能に加えて，各フリップフロップのデータを隣のフリップフロップに転送する機能を持っている．この際，データのシフト方向を，左から右あるいは右から左への2方向のいずれかより選ぶことができるように構成する場合もある．この機能は2進数の乗除算の実現などに利用される．

[問 6.8] 正整数を表す N 桁の 2 進数 "$b_{N-1}b_{N-2}\cdots b_0$" の各ビットを l 桁シフトした後，l 個の 0 を付加した $(N+l)$ 桁の 2 進数 "$b_{N-1}b_{N-2}\cdots b_0 0\cdots 0$" は，もとの数値の 2^l 倍となることを示せ．

6.8 カウンタ

フリップフロップを応用した回路として**カウンタ**がある．カウンタは入力されたパルスの個数を計数する機能を持った回路であり，その応用として時間や電圧の計測を始め様々な用途に用いられている．ここでは，いくつかのカウンタの構成例を紹介する．

6.8.1 非同期式 2^N 進カウンタ

図 6.30(a) に示すネガティブエッジトリガ JK フリップフロップまたは D フリップフロップを用いて構成した T フリップフロップでは，入力クロックパ

(a) 2進1桁カウンタの構成　　　　　(b) 動作

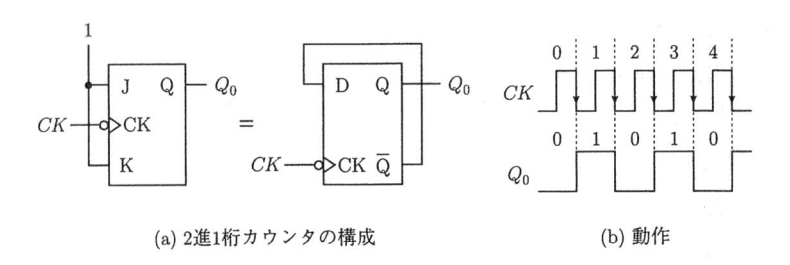

図 **6.30**　2 進 1 桁カウンタ

ルスがHレベルからLレベルに変化する度に出力が反転する．この出力を，1ビットの2進数とみれば，2進数1桁のカウンタとなり，さらにこれをN段縦続接続すれば2^N進カウンタが実現できる．

(a) 16進カウンタの構成

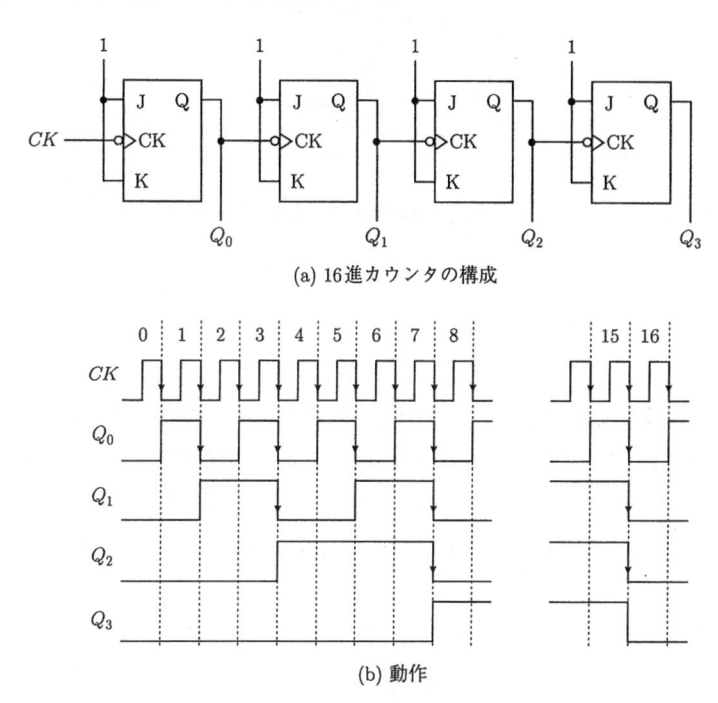

(b) 動作

図**6.31** 非同期式16進カウンタ

図6.31(a)に4個のフリップフロップを縦続接続することにより構成した$2^4 = 16$進カウンタを示す．図6.31(b)に示すタイミングチャートからわかるように，"$Q_3Q_2Q_1Q_0$"を4ビットの2進数とみなせば，クロックパルスが入力される度に"$Q_3Q_2Q_1Q_0$"が表す値は1ずつ増加していき，"$Q_3Q_2Q_1Q_0$"="0000"(= 0)から"1111"(= 15)の間で計数を繰返す．

このように，前段のフリップフロップの出力が，次段のフリップフロップのクロック入力となり，前段の状態変化が次段以降のフリップフロップに順次伝わっていくことにより動作するカウンタを非同期式カウンタまたはリプルカウ

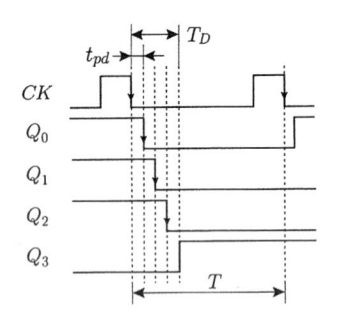

図 **6.32** フリップフロップの伝搬遅延時間を考慮した非同期式カウンタの動作

ンタと呼ぶ．

非同期式 2^N 進カウンタでは，フリップフロップ 1 段あたりの平均伝搬遅延時間を t_{pd} とし，各フリップフロップの遅延が等しいとすると，入力が変化した後，その変化が最終段のフリップフロップの出力に反映されるまでに，最悪 $T_D = Nt_{pd}$ の時間遅れを生じる．図 6.31 に示した構成例では，図 6.32 に示すように，"$Q_3Q_2Q_1Q_0$"="0111" → "1000" 及び "$Q_3Q_2Q_1Q_0$"="1111" → "0000" と変化する際，$CK = 1 \to 0$ の変化が Q_3 の出力変化に現れる迄に $4t_{pd}$ の時間遅れが生じる．

一般に，入力クロックパルスの周波数を f，周期を T とすると，次のクロックパルスが入力されるまでに非同期式カウンタの動作が終了するためには

$$T_D < T = 1/f \tag{6.3}$$

である必要がある．したがって，この場合のカウンタの動作周波数の上限 f_{max} は

$$f_{max} < \frac{1}{T_D} = \frac{1}{Nt_{pd}} \tag{6.4}$$

で規定される．

[問 6.9] 図 6.31(a) の回路について，フリップフロップの出力に遅延がある場合とない場合について，$\overline{Q_1}\overline{Q_3}$ の値を求めて比較せよ．

6.8.2 同期式 2^N 進カウンタ

非同期式カウンタは構成が簡単であるが，前段の出力が次段のクロック入力

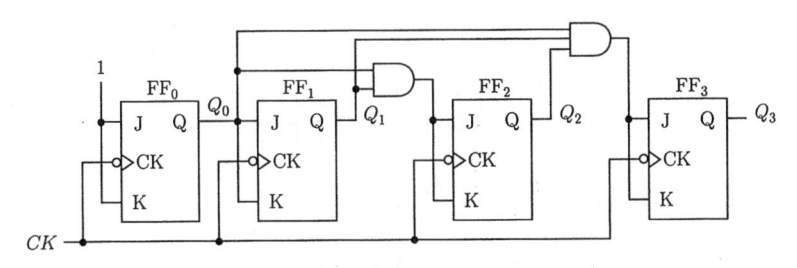

図 **6.33** 同期式 16 進カウンタ

となっていることから，フリップフロップの段数が多くなるにつれて遅延が大きくなり，動作可能周波数が制限される問題がある．さらに，各ビット毎に異なる出力の遅延はハザードの要因となる．

　これに対し，クロック信号を全てのフリップフロップのクロック入力に同時に与えることにより，フリップフロップの段数によらず，各フリップフロップの状態が同時に変化するように構成したカウンタを**同期式カウンタ**または**並列カウンタ**と呼ぶ．同期式カウンタでは，クロック入力に対して，出力には最大でもフリップフロップ 1 段分程度の時間遅れしか生じない．

　図 6.33 は同期式 $16(=2^4)$ 進カウンタの例である．この場合，動作周波数を規定する遅延時間は，フリップフロップ 1 個と AND ゲート 1 個の平均伝搬遅延時間の和となる．

[問 6.10]　図 6.33 の回路のタイミングチャートを描き，動作を説明せよ．

6.8.3　N 進カウンタ

　カウンタの出力が $N-1$ となった状態で，次のクロックパルス入力時に，カウンタを構成する全てのフリップフロップをリセットすることにより N 進カウンタが構成できる．

　図 6.34 の回路では，"$Q_2Q_1Q_0$" = "100" ($= 4$) という状態でクロックパルスが入力されると，全てのフリップフロップがリセット状態になるため，5 進カウンタとなっている．

　さらに，任意の N_1 進カウンタと N_2 進カウンタを縦続に接続することにより，$N = N_1N_2$ 進カウンタを構成することができる．

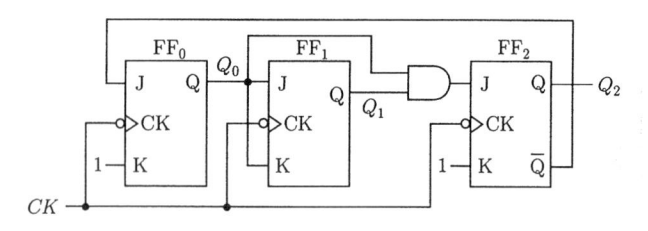

図 **6.34** 同期式 5 進カウンタの構成例

[**問** 6.11] 2 進カウンタと 5 進カウンタを用いて 10 進カウンタを構成せよ．

6.8.4 アップダウンカウンタ

これまでに述べたカウンタや図 6.35(a) に示す構成のカウンタは，クロックパルスが加わる度に，出力の計数値が 1 ずつ増加していく．このようなカウンタを**アップカウンタ**と呼ぶ．

(a) アップカウンタ (b) アップカウンタの動作

(c) ダウンカウンタ (d) ダウンカウンタの動作

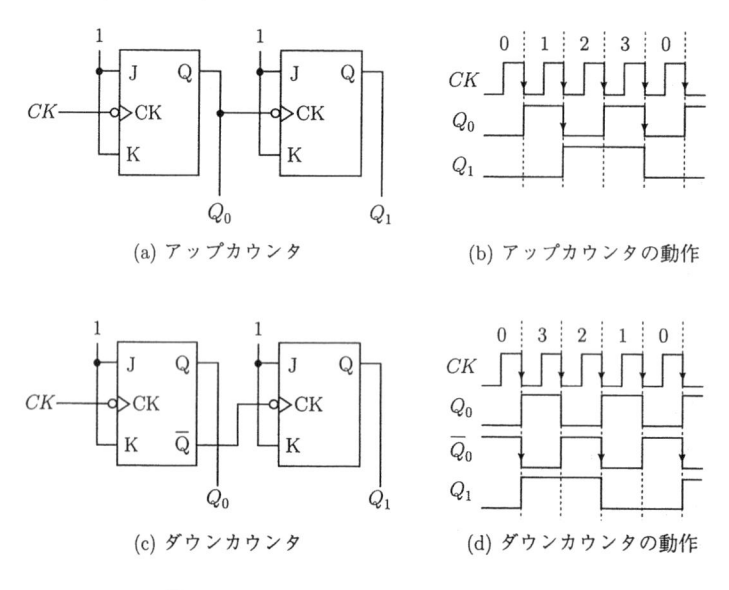

図 **6.35** アップカウンタとダウンカウンタ

これに対し，図 6.35(c), (d) に示すように，計数値が減少していくカウンタを構成することも可能であり，これを**ダウンカウンタ**と呼ぶ．

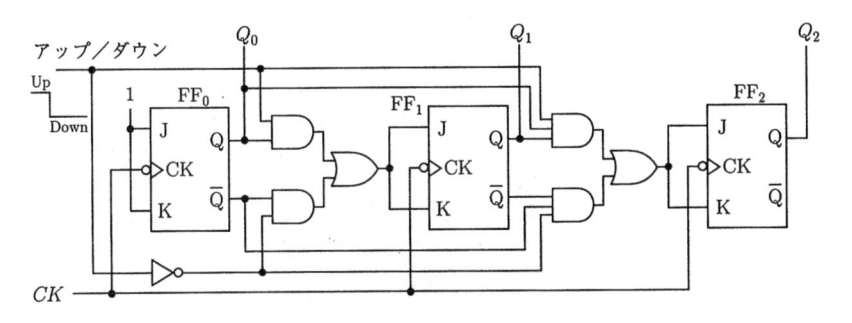

図 6.36 アップダウンカウンタの構成例

さらに，一つのカウンタで両方の機能を切換えて使える回路を構成することも可能であり，これを**アップダウンカウンタ**と呼ぶ．例として，図 6.36 に同期式アップダウンカウンタの構成例を示す．この回路では，アップ／ダウン入力が H レベルの場合アップカウンタとして，また L レベルの場合ダウンカウンタとしてそれぞれ動作する．

[問 6.12] 図 6.35(c) において，ネガティブエッジトリガフリップフロップをポジティブエッジトリガ型に置き換え，同一の機能を持ったダウンカウンタを構成するためにはどのようにすればよいか．

6.8.5 リングカウンタ

図 6.37(a) に示すように，シフトレジスタの出力を 1 段目のフリップフロップの入力に接続した回路を考える．この回路では，リセット入力を H レベルにすると，フリップフロップ FF_0 だけがセットされ，他のフリップフロップはリセットされる．次に，リセット入力が L レベルのとき，クロックパルスが入力されると，出力が "1" の状態をとるフリップフロップの位置が右に一つシフトする．そして，クロックパルスが N 回入力されると最初の状態に戻る．したがって，この回路は "1" が出力されているフリップフロップの位置により計数値を表す N 進カウンタとなっており，**リングカウンタ**と呼ばれる．

この他に，シフトレジスタに基づくカウンタとしてジョンソンカウンタがある．ジョンソンカウンタは，1 段目のフリップフロップの入力が異なるだけで，

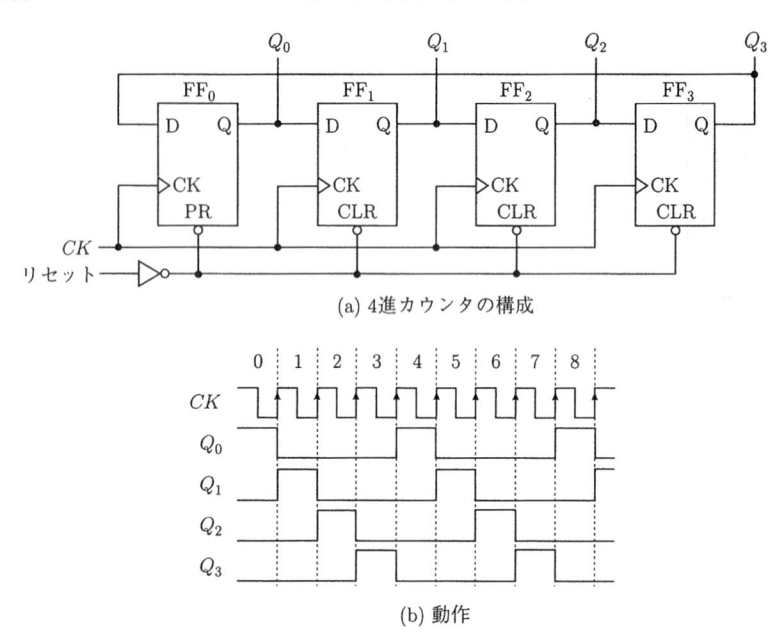

図 **6.37** リングカウンタ

リングカウンタと同様の回路構成を持つが，N 個のフリップフロップにより $2N$ 進カウンタが実現できる特徴がある．

演習問題

(1) 図 6.1 に示した 2 安定回路に 1 個の NOT ゲートを追加し，図 6.38 に示す回路を構成したとき，どのような動作をするか述べよ．ただし，各ゲートの平均伝搬遅延時間は等しく，t_{pd} であるとする．

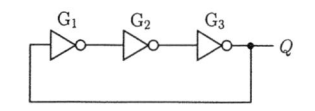

図 **6.38** 演習問題 (1)

演習問題   181

(2) 図 6.39 に示す D フリップフロップを用いた回路の動作を説明せよ．

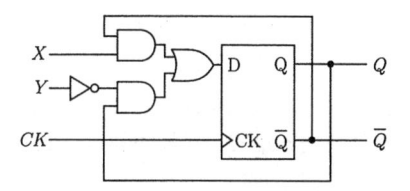

図 6.39 演習問題 (2)

(3) 図 6.31 及び 図 6.33 に示したカウンタが正常に動作するクロック周波数の上限をそれぞれ求めよ．ただし，JK フリップフロップ及び AND ゲート 1 個あたりの平均伝搬遅延時間をそれぞれ 10 ns 及び 3 ns とする．

(4) 図 6.40 はジョンソンカウンタと呼ばれる．この回路の動作を説明せよ．

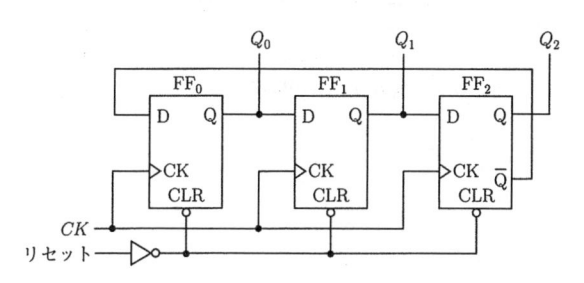

図 6.40 演習問題 (4)

(5) 図 6.41 に示す回路の動作を説明せよ．

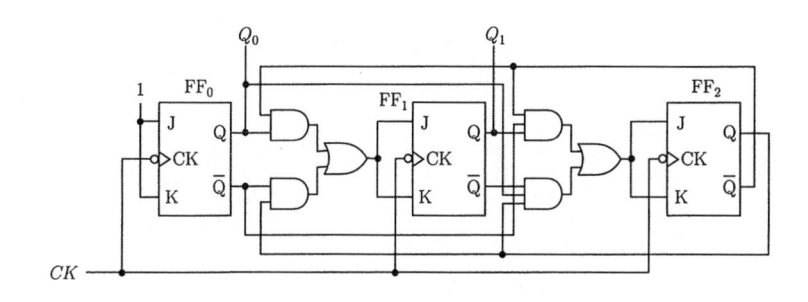

図 6.41 演習問題 (5)

(6) 図 6.42 に示すシフトレジスタと Exclusive OR ゲートにより構成した回路を考える.

(a) $RS = 0$ のとき,シフトパルス CK の入力に対して,"$Q_2Q_1Q_0$" がとる値の変化を示せ.

(b) シフトパルスに同期して Q_2 の値を観測し,その値を順番に並べてできる 2 値系列が周期系列となることを確かめ,その周期を求めよ(この 2 値系列は **M** 系列と呼ばれる).

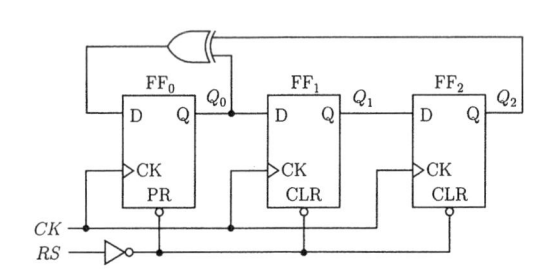

図 **6.42** 演習問題 (6)

問題解答

第1章

問 1.1 素子に蓄えられたエネルギーまたは素子から発生したエネルギーが外部に放出されることを意味する．

問 1.2 並列に接続された抵抗の両端間の電圧を V，それぞれの抵抗に流れる電流を I_1, I_2 とすると，全体に流れる電流は $I = I_1 + I_2 = G_1 V + G_2 V = (G_1 + G_2)V = GV$ となり，コンダクタンスが $G = G_1 + G_2$ である一つの抵抗と等価である．

問 1.3 電流源に電流が流れ込む端子を基準として電圧 V を計ることにすれば，抵抗を接続した場合 $V = RJ_0$，容量を接続した場合 $V = J_0 t/C$．

問 1.4 非線形素子．

問 1.5 直流電流源 $J_0 = 3$ A と $R_0 = 0.5$ Ω が並列に接続された回路で表される．内部抵抗 $R_0 = 0$ Ω の場合，$J_0 \to \infty$ となり，有限の値を持つ等価な電流源は存在しない．

問 1.6 $\tau_d = \tau \ln 2 = CR \ln 2$

問 1.7 $C = 14.4$ pF

問 1.8 $T = 10$ ns, $t_w = 4$ ns

演習問題 (1) このような構成の回路をはしご形回路と呼んでいる．この回路では，図 A.1 に示すように，接続する抵抗の段数によらず左側から見た合成抵抗の値が一定になる．したがって，図 1.22 の回路では，電流源が接続されている端子から見た合成抵抗が R となり，$V_{in} = RJ$, $I = J/2^4 = J/16$, $V_{out} = RJ/16$ となる．

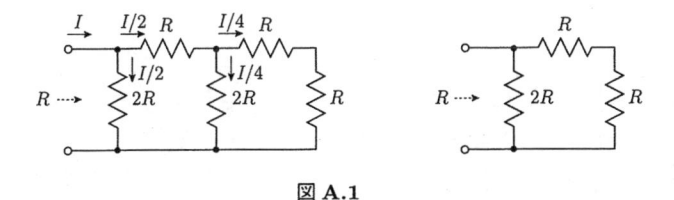

図 A.1

演習問題 (2) (a) $V_0 = 1.55$ V の直流電圧源と $R_0 = 0.5$Ω の内部抵抗を直列接続した回路．

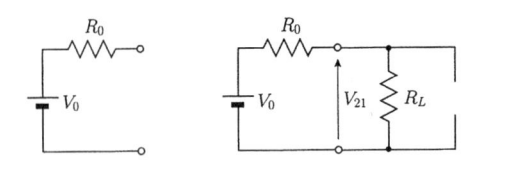

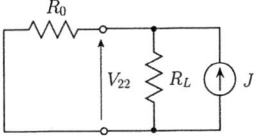

図 A.2

(b) 電流源を開放除去した場合および電圧源を短絡除去した場合に抵抗 R_L に生じる電圧をそれぞれ V_{21} および V_{22} とすれば，重ね合せの理より

$$V_2 = V_{21} + V_{22} = \frac{R_L}{R_0 + R_L}V_0 + \frac{R_0 R_L}{R_0 + R_L}J \simeq 1.52V$$

演習問題 (3) (a) 抵抗 R_L に供給される電力を P とすると

$$P = V_{out}I_L = \frac{V_{out}^2}{R_L} = R_L I_L^2 = \frac{R_L E_0^2}{(R_0 + R_L)^2}$$

(b) $\partial P/\partial R_L = 0$ とおくことにより，$R_L = R_0$，すなわち内部抵抗と外部に接続した抵抗の値が一致するとき，P の値は最大となる．

(c) (a), (b) の結果より，$P_{max} = E_0^2/4R_0$．

演習問題 (4) $t \geq 0$ の場合，式 (1.32) に $V_{in}(t) = (E_0/CR)t$ を代入すると

$$\frac{dV_{out}(t)}{dt} + \frac{1}{CR}V_{out}(t) = \frac{E_0}{CR}$$

が得られ，RC 積分回路のステップ入力（図 1.13(a)）に対する微分方程式である式 (1.25) と同一となる．したがって，式 (1.28) より

$$V_{out}(t) = E_0\left(1 - e^{-\frac{t}{CR}}\right) \qquad (t \geq 0)$$

演習問題 (5) (a) 図 A.3 のように電流 I, I_1, I_2 を定義すると，$I = I_1 + I_2$ および

$$I = C\frac{d(V_{in} - V_{out})}{dt}, \quad I_1 = \frac{V_{out}}{R}, \quad I_2 = C_P\frac{dV_{out}}{dt}$$

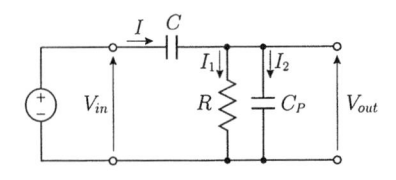

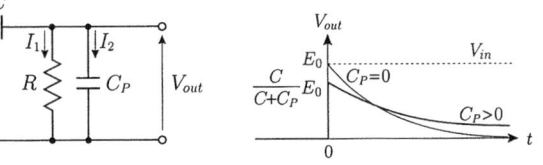

図 A.3

の関係より次の微分方程式が得られる.
$$\frac{dV_{out}(t)}{dt} + \frac{1}{R(C+C_P)}V_{out}(t) = \frac{C}{C+C_P}\frac{dV_{in}(t)}{dt}$$
(b) $t<0$ の場合は $V_{out}=0$. 一方, $t \geq 0$ の場合, 上式に $V_{in}(t)=E_0$ を代入すると
$$\frac{dV_{out}(t)}{dt} + \frac{1}{R(C+C_P)}V_{out}(t) = 0$$
積分定数を A とすると, この一般解は $V_{out}(t)=Ae^{-\frac{t}{R(C+C_P)}}$ で与えられ, 境界条件 $V_{out}(t)=E_0C/(C+C_P)$ $(t=0)$ より
$$V_{out}(t) = \frac{C}{C+C_P}E_0 e^{-\frac{t}{R(C+C_P)}} \quad (t \geq 0)$$
したがって, 寄生容量 C_P が存在する場合, 存在しない場合と比べて時定数は $(C+C_P)/C$ 倍大きくなり, 出力の振幅は $C/(C+C_P)$ 倍に減少する.

演習問題 (6) 時定数の値が $\tau = CR = 10 \times 10^{-12} \times 10^3 = 10$ ns, パルス幅が $t_w = 100$ ns であるから, 出力波形は $\tau = 0.1 t_w$ の場合である図 1.14(b) に示す通りとなる. したがって, 立ち上がりと立ち下がりの遅延時間はほぼ同じと考えてよく, 問 1.6 の結果より $t_{pd} = \tau \ln 2 \simeq 6.9$ ns.

第 2 章

問 2.1 n 型半導体の多数キャリアは自由電子, 少数キャリアはホールである. また, p 型半導体の多数キャリアはホール, 少数キャリアは自由電子である.

問 2.2 V_D が 0.6V のとき I_D は 1.2μA, 0.7V のとき 56μA, 0.8V のとき 2.7mA である.

問 2.3 I_D が 100μA の場合, V_D は 0.715V, 1mA の場合は 0.775V であり, オン電圧を 0.7V としたときの誤差は, それぞれ 2.1%と 10.6%である.

問 2.4 ソース

問 2.5 エンハンスメント型 p チャネル MOS トランジスタのしきい電圧は負である.

問 2.6 V_{DS} が 0.5V のとき, V_{DS} は $V_{GS}-V_T$ よりも小さいので, トランジスタは非飽和領域で動作している. したがって, 式 (2.4) と式 (2.5) から 90μA となる. また, V_{DS} が 1.0V のときは, トランジスタは飽和領域で動作しているので, 式 (2.7) から 98μA となる.

問 2.7 99

問 2.8 4

問 2.9 式 (2.32) と式 (2.33) から I_{ES} を消去すると, 式 (2.28) が得られるので, 逆方向能動活性領域においても, 式 (2.28) が成り立つ.

演習問題 (1) v_{in} が正のとき,図 2.30 の等価回路は図 A.4(a) となり,v_{in} が負のとき,同図 (b) となる.図 (a) と図 (b) で抵抗 R に流れる電流の向きが同じなので,v_{out} は同図 (c) となる.

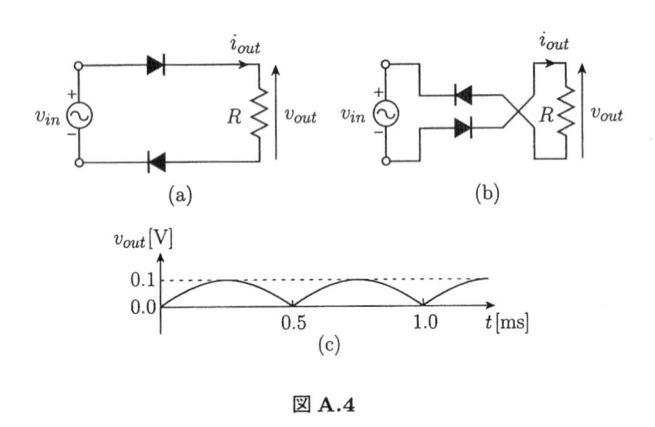

図 A.4

演習問題 (2) (a) 図 2.31(a) では V_{in} が 3.5V になるまでダイオードはオフしているので,$V_{out} = V_{in}$ となる.V_{in} が 3.5V を越えるとダイオードがオンし,V_{out} は 3.5V となる.同図 (b) では,V_{in} が 1.5V になるまでダイオードがオンしているので,V_{out} は 1.5V となる.V_{in} が 1.5V を越えるとダイオードがオフし,$V_{out} = V_{in}$ となる.同図 (c) は図 (a) と図 (b) の特性を合わせた特性となる.以上をまとめると図 A.5 となる.

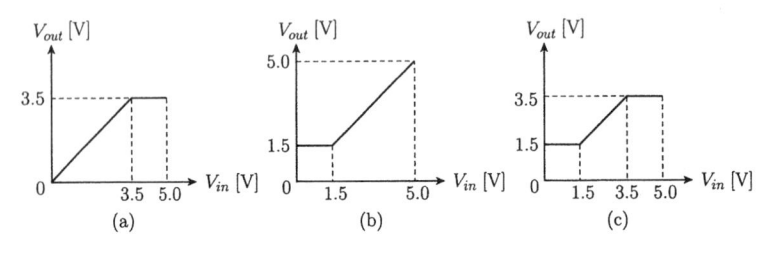

図 A.5

(b) V_{on} が 0.7V であるので,ダイオードが理想ダイオード特性を有し,V_{ref1} と V_{ref2} がそれぞれ 4.2V と 0.8V に置き換わったのと等価である.したがって,図 A.6 となる.

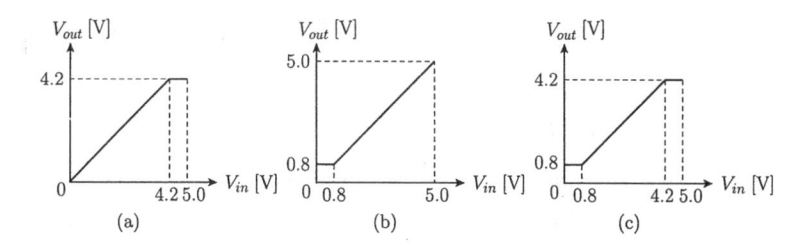

図 **A.6**

演習問題 (3) 式 (2.4)に $V_{DS} = V_{GS} - V_T$ を代入すると

$$2K(V_{GS} - V_T - \frac{V_{GS} - V_T}{2})(V_{GS} - V_T) = K(V_{GS} - V_T)^2$$

となり, 式 (2.7)と一致する.

また, 式 (2.4)を V_{GS} で微分すると $2KV_{DS}$ となり, これに $V_{DS} = V_{GS} - V_T$ を代入すると $2K(V_{GS} - V_T)$ となる. これは式 (2.7)を V_{GS} で微分した式と一致する.

演習問題 (4) 関数 $F(V_X, V_G)$ が $F(V_X, V_G) = 2K(V_G - V_T - V_X/2)V_X$ であることから I_D は

$$I_D = 2K(V_G - V_T - V_D/2)V_D - 2K(V_G - V_T - V_S/2)V_S$$
$$= K\{2(V_G - V_T)(V_D - V_S) - V_D^2 + V_S^2\}$$
$$= K\{2(V_G - V_T)(V_D - V_S) - 2V_S(V_D - V_S) - V_D^2 + 2V_SV_D - V_S^2\}$$
$$= 2K(V_G - V_T - V_S - \frac{V_D - V_S}{2})(V_D - V_S)$$

となる. これに $V_{GS} = V_G - V_S$, $V_{DS} = V_D - V_S$ を代入すると I_D は $I_D = 2K(V_{GS} - V_T - \frac{V_{DS}}{2})V_{DS}$ となり, 式 (2.4)と一致する.

演習問題 (5) (a) トランジスタ M_1 のゲート・ソース間電圧を V_{GS1}, M_2 のゲート・ソース間電圧とドレイン・ソース間電圧をそれぞれ V_{GS2}, V_{DS2} とすると, 2乗則から $V_{GS1} = \sqrt{I_D/K} + V_T$ となり, V_{DS2} は

$$V_{DS2} = V_G - V_S - V_{GS1} = V_{GS2} - \sqrt{I_D/K} - V_T < V_{GS2} - V_T \quad (A.1)$$

となるので, トランジスタ M_2 は非飽和領域で動作している.

(b) I_D はトランジスタ M_2 のドレイン電流であるから

$$I_D = 2K(V_{GS2} - V_T - \frac{V_{DS2}}{2})V_{DS2}$$

となる. これに式 (A.1)を代入すると

$$I_D = 2K\left(V_{GS2} - V_T - \frac{V_{GS2} - \sqrt{I_D/K} - V_T}{2}\right)\left(V_{GS2} - \sqrt{\frac{I_D}{K}} - V_T\right)$$
$$= K(V_{GS2} - V_T)^2 - I_D$$

が得られる．この式から I_D は
$$I_D = \frac{K}{2}(V_{GS2} - V_T)^2 = \frac{K}{2}(V_G - V_S - V_T)^2$$

となり，トランスコンダクタンスパラメータが M_1 や M_2 のそれの 1/2 倍で飽和領域で動作する 1 個のトランジスタと等価であることがわかる．

演習問題 (6) 接合容量はソース・サブストレート間，ドレイン・サブストレート間に存在し，それぞれの値を C_{JS}, C_{JD} とすると
$$C_{JS} = \frac{C_0 \times W \times L_S}{\sqrt{1 + \frac{1.0}{0.65}}} = 10\mathrm{fF}$$
$$C_{JD} = \frac{C_0 \times W \times L_D}{\sqrt{1 + \frac{4.0}{0.65}}} = 6.0\mathrm{fF}$$

となる．

演習問題 (7) (a) $I_{E0} = \{I_B + (1 - \alpha_R)I_C\}e^{\frac{-qV_{BE}}{kT}}$ であるから I_{E0} は 0.037fA となる．

(b) 式 (2.21) より 0.76V となる．

(c) 式 (2.21) より 0.64V となる．

演習問題 (8) (a) $I_{E0} = (1 - \alpha_F \alpha_R)I_{ES}$ より I_{E0}=0.51fA となる．また，$I_{CS} = \frac{\alpha_F}{\alpha_R}I_{ES}$ より I_{CS}=1.96fA, $I_{C0} = (1 - \alpha_F \alpha_R)I_{CS}$ より I_{C0}=1.0fA となる．

(b) V_{BE} =0.69V, V_{BC}=0.62V となる．

(c) I_C=0.32mA, I_E=0.35mA となる．

第 3 章

問 3.1 "1100100"

問 3.2 表 A.1 に示す通り．

問 3.3 式 (3.3) の場合表 A.2, 式 (3.4) の場合表 A.3 に示す通り．

問 3.4 略．

問 3.5 略．

問 3.6 式 (3.3) の加法標準形 $f(A,B,C) = \overline{A}B\overline{C} + A\overline{B}\,\overline{C} + A\overline{B}C + AB\overline{C} + ABC$

式 (3.3) の乗法標準形 $f(A,B,C) = (A + B + C)(A + B + \overline{C})(A + \overline{B} + \overline{C})$

式 (3.4) の加法標準形 $f(A,B,C) = \overline{A}\,\overline{B}\,\overline{C} + \overline{A}\,\overline{B}C + \overline{A}B\overline{C} + A\overline{B}\,\overline{C} + AB\overline{C}$

式 (3.3) の乗法標準形 $f(A,B,C) = (A + \overline{B} + \overline{C})(\overline{A} + B + \overline{C})(\overline{A} + \overline{B} + \overline{C})$

表 A.1

A_1	A_0	B_1	B_0	S_2	S_1	S_0	A_1	A_0	B_1	B_0	S_2	S_1	S_0
0	0	0	0	0	0	0	1	0	0	0	0	1	0
0	0	0	1	0	0	1	1	0	0	1	0	1	1
0	0	1	0	0	1	0	1	0	1	0	1	0	0
0	0	1	1	0	1	1	1	0	1	1	1	0	1
0	1	0	0	0	0	1	1	1	0	0	0	1	1
0	1	0	1	0	1	0	1	1	0	1	1	0	0
0	1	1	0	0	1	1	1	1	1	0	1	0	1
0	1	1	1	1	0	0	1	1	1	1	1	1	0

表 A.2

A	B	C	$f(A,B,C)$
0	0	0	0
0	0	1	0
0	1	0	1
0	1	1	0
1	0	0	1
1	0	1	1
1	1	0	1
1	1	1	1

表 A.3

A	B	C	$f(A,B,C)$
0	0	0	1
0	0	1	1
0	1	0	1
0	1	1	0
1	0	0	1
1	0	1	0
1	1	0	1
1	1	1	0

問 3.7 $f(A_3, A_2, A_1, A_0) = \overline{A_3}\overline{A_2} + \overline{A_3}\overline{A_1}\overline{A_0}$

問 3.8 $V_Y = 0.7$ V

問 3.9 $V_Y = 4.3$ V

問 3.10 $\overline{A \oplus B} = \overline{A\overline{B} + \overline{A}B} = (\overline{A} + B)(A + \overline{B}) = AB + \overline{A}\,\overline{B}$

問 3.11 $Y = (A + B)(C + D)$

演習問題 (1) (a) ド・モルガンの定理より
$$\overline{X_1 + X_2 + \cdots + X_n} = \overline{X_1}\overline{(X_2 + X_3 + \cdots + X_n)}$$
$$= \overline{X_1}\overline{X_2}\overline{(X_3 + \cdots + X_n)} = \cdots = \overline{X_1}\overline{X_2}\cdots\overline{X_n}$$

(b) (a) と同様に
$$\overline{X_1 X_2 \cdots X_n} = \overline{X_1} + \overline{X_2 X_3 \cdots X_n}$$
$$= \overline{X_1} + \overline{X_2} + \overline{X_3 \cdots X_n} = \cdots = \overline{X_1} + \overline{X_2} + \cdots + \overline{X_n}$$

演習問題 (2)　真理値表からカルノー図を描くと図 A.7となる．これから

$$S_2 = A_1B_1 + A_1A_0B_0 + A_0B_1B_0$$

$$S_2 = A_1\overline{B}_1\overline{B}_0 + A_1\overline{A}_0\overline{B}_1 + \overline{A}_0\overline{A}_1B_1 + \overline{A}_1B_1\overline{B}_0 + \overline{A}_1A_0\overline{B}_1B_0 + A_1A_0B_1B_0$$

$$S_0 = A_0\overline{B}_0 + \overline{A}_0B_0$$

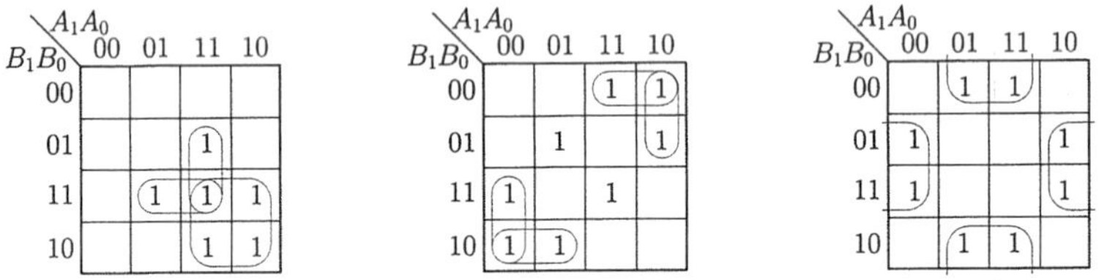

(a) S_2　(b) S_1　(c) S_0

図 A.7

演習問題 (3)　(a) 図 3.17 より

$$Y = AB + BC + CA$$

(b) この論理関数の真理値表を求めると表 A.4 が得られる．これより，3 個の論理変数の中で，2 個以上の論理変数の値が “1” をとるときに限り “1” を出力する回路であることがわかる．この回路は**多数決論理回路**と呼ばれている．

表 A.4

A	B	C	Y
0	0	0	0
0	0	1	0
0	1	0	0
0	1	1	1
1	0	0	0
1	0	1	1
1	1	0	1
1	1	1	1

演習問題 (4)　図 3.18 より

$$Y = A(\overline{A} + \overline{B}) + B(\overline{A} + \overline{B}) = A\overline{B} + \overline{A}B = A \oplus B$$

となり，すべて NAND ゲートで構成した Exclusive OR 回路となっている．

演習問題 (5) 図 3.19 より

$$Y = (A + \overline{A}\,\overline{B})(B + \overline{A}\,\overline{B}) = (A + \overline{B})(\overline{A} + B) = AB + \overline{A}\,\overline{B} = \overline{A \oplus B}$$

となり，すべて NOR ゲートで構成した Exclusive NOR 回路となっている．

演習問題 (6)　(a) 図 A.8 に示す通り．

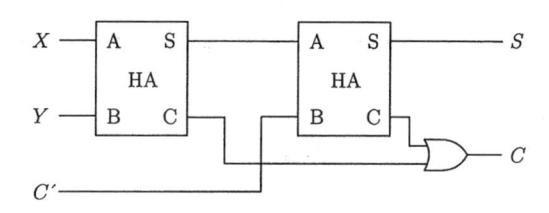

図 **A.8**

(b) 真理値表を求めると表 A.5 となり，図 A.9 に示すカルノー図が得られる．これより

$$S = \overline{X}\,\overline{Y}C' + \overline{X}Y\overline{C'} + X\overline{Y}\,\overline{C'} + XYC' = (X \oplus Y) \oplus C'$$

$$C = XY + YC' + C'X$$

が得られる．したがって，Exclusive OR ゲートと多数決論理回路で構成できる．

表 **A.5**

X	Y	C'	S	C
0	0	0	0	0
0	0	1	1	0
0	1	0	1	0
0	1	1	0	1
1	0	0	1	0
1	0	1	0	1
1	1	0	0	1
1	1	1	1	1

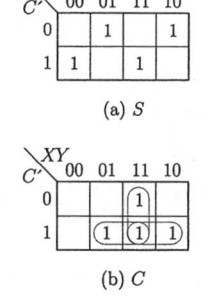

(a) S

(b) C

図 **A.9**

演習問題 (7) 図 A.10(a) に示す通り.

演習問題 (8) 図 A.10(b) に示す通り.

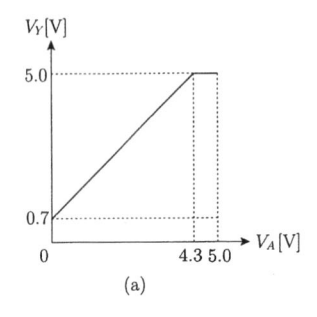

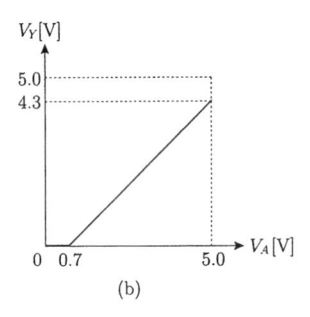

図 **A.10**

第 4 章

問 4.1 2.49V

問 4.2 $V_{OL} = 0.1\text{V}$ より $I_D = 106\mu\text{A}$. また, $I_D = (V_{DD} - V_{OL})/R_L$ より $R_L = 27.4\text{k}\Omega$. したがって, $4\times(27400/50)=2190\mu\text{m}^2$ の面積が必要.

問 4.3 2.69V

問 4.4 3.0V

問 4.5 V_{out} が $\frac{9V_{DD}}{10}$ のとき, トランジスタ M_1 が飽和領域から非飽和領域に移るので, $\frac{9V_{DD}}{10}$ から $\frac{V_{DD}}{10}$ になるまでの時間は, 式 (4.31) の $V_{out}(t)$ に $\frac{V_{DD}}{10}$ を代入して, t について解くことにより求めることができ, 262ps となる.

問 4.6 問 4.5 と同様に, V_{out} が $\frac{V_{DD}}{10}$ のとき, トランジスタ M_2 が飽和領域から非飽和領域に移るので, $\frac{V_{DD}}{10}$ から $\frac{9V_{DD}}{10}$ になるまでの時間は, 式 (4.34) に $V_{out} = \frac{9V_{DD}}{10}$ を代入して t について解くと, 437ps となる.

問 4.7 $1.5\mu\text{m}$

問 4.8 $90\mu\text{W}$

問 4.9 240s

問 4.10 右からトランジスタ M_2 のサブストレート端子, ソース端子, ドレイン端子, トランジスタ M_1 のドレイン端子, ソース端子である.

問 4.11 最高電位は 3.7V, 最低電位は -0.7V である.

問題解答　193

演習問題 (1)　(a) $I_D = 0$ より $V_{out} = V_{DD} = 3.0$V となる.

(b) $V_{in} - V_T = V_{out}$ より $V_{out} = V_{DD} - R_L \times K(V_{in} - V_T)^2 = V_{DD} - R_L \times KV_{out}^2$ となる. したがって, $V_{out} = \{-\frac{1}{KR_L} + \sqrt{(\frac{1}{KR_L})^2 + \frac{4V_{DD}}{KR_L}}\}/2 = 1.0$V である. $V_{in} = V_{out} + V_T$ より V_{in} は 1.3V であることがわかる.

(c) $V_{out} = V_{DD} - R_L \times 2K(V_{in} - V_T - \frac{V_{out}}{2})V_{out}$ より $V_{out} = [\frac{1}{KR_L} + 2(V_{in} - V_T) - \sqrt{\{\frac{1}{KR_L} + 2(V_{in} - V_T)\}^2 - \frac{4V_{DD}}{KR_L}}]/2$ となる. この式に $V_{in} = 3.0$V を代入すると $V_{out} = 0.27$V となる.

(d) 図 A.11 に示す通り.

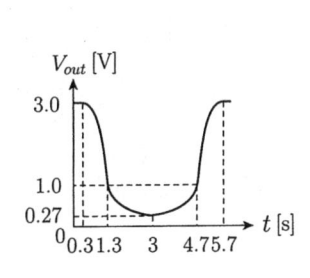

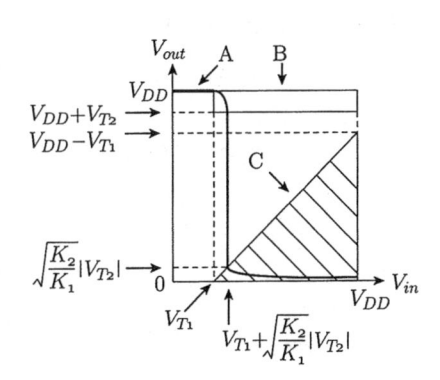

図 A.11

図 A.12

演習問題 (2)　近似を用いずに, 図 4.5 の回路の V_{OL} を求めると

$$V_{OL} = V_{DD} - \frac{K_1 V_{T1} + K_2 V_{T2}}{K_1 + K_2}$$
$$\pm \frac{\sqrt{\{K_1(V_{DD} - V_{T1}) + K_2(V_{DD} - V_{T2})\}^2 - K_2(K_1 + K_2)(V_{DD} - V_{T2})^2}}{K_1 + K_2}$$

となる. ただし, 抵抗負荷 NOT 回路の場合と同様に, マイナスの符号を選ばなければならない. この式に数値を代入すると V_{OL} は, 0.0134V となる. 一方式 (4.12) から V_{OL} を求めると, V_{OL} は 0.0135V となり, その誤差は 0.75% である.

演習問題 (3)　(a) $V_{in} \leq V_{T1}$ となる. また, この領域は図 A.12 の直線 A である.

(b) $V_{out} + V_{T1} \geq V_{in} > V_{T1}$ 並びに $V_{DD} \geq V_{out} > V_{DD} + V_{T2}$ となる. また, この領域は図 A.12 において斜線を施した長方形 B である.

(c) $K_1(V_{in} - V_{T1})^2 = 2K_2\{-V_{T2} - (V_{DD} - V_{out})/2\}(V_{DD} - V_{out})$ より $V_{DD} - V_{out} = -V_{T2} \pm \sqrt{V_{T2}^2 - \frac{K_1}{K_2}(V_{in} - V_{T1})^2}$ となる. 複号はマイナスを選び, $V_{out} =$

$V_{DD} + V_{T2} + \sqrt{V_{T2}^2 - \frac{K_1}{K_2}(V_{in} - V_{T1})^2}$ となる.

(d) $V_{in} - V_{T1} > V_{out} \geq 0$ 並びに $V_{DD} + V_{T2} \geq V_{out}$ となる. また, この領域は図 A.12において斜線を施した三角形 C である.

(e) $2K_1(V_{in} - V_{T1} - V_{out}/2)V_{out} = K_2 V_{T2}^2$ より
$V_{out} = V_{in} - V_{T1} \pm \sqrt{(V_{in} - V_{T1})^2 - \frac{K_2}{K_1}V_{T2}^2}$ となる. ただし, 複号はマイナスを選び, V_{out}は $V_{out} = V_{in} - V_{T1} - \sqrt{(V_{in} - V_{T1})^2 - \frac{K_2}{K_1}V_{T2}^2}$ である.

(f) 図 A.12に示す通り.

演習問題 (4) (a) $t_{pdi}(i = 1 \sim 3)$ は

$$t_{pd1} = 2\eta W_2 L C_{OX}\left(\frac{1}{K_{n1}} + \frac{1}{K_{p1}}\right) = 2\eta L^2 C_{OX}\left(\frac{1}{K_{n0}} + \frac{1}{K_{p0}}\right)\frac{W_2}{W_1}$$

$$t_{pd2} = 2\eta W_3 L C_{OX}\left(\frac{1}{K_{n2}} + \frac{1}{K_{p2}}\right) = 2\eta L^2 C_{OX}\left(\frac{1}{K_{n0}} + \frac{1}{K_{p0}}\right)\frac{W_3}{W_2}$$

$$t_{pd3} = \eta C_L\left(\frac{1}{K_{n3}} + \frac{1}{K_{p3}}\right) = \eta L C_L\left(\frac{1}{K_{n0}} + \frac{1}{K_{p0}}\right)\frac{1}{W_3}$$

となる. $t_{pd} = \Sigma_{i=1}^3 t_{pdi}$ を W_2 並びに W_3 で微分すると

$$\frac{\partial t_{pd}}{\partial W_2} = 2\eta L^2 C_{OX}\left(\frac{1}{K_{n0}} + \frac{1}{K_{p0}}\right)\left(\frac{1}{W_1} - \frac{W_3}{W_2^2}\right)$$

$$\frac{\partial t_{pd}}{\partial W_3} = \eta L\left(\frac{1}{K_{n0}} + \frac{1}{K_{p0}}\right)\left(\frac{2LC_{OX}}{W_2} - \frac{C_L}{W_3^2}\right)$$

を得る. これより, W_2 及び W_3 は

$$W_2 = \sqrt[3]{\frac{C_L}{2LC_{OX}}W_1^2} = 10\mu\text{m}$$

$$W_3 = \frac{W_2^2}{W_1} = \sqrt[3]{\left(\frac{C_L}{2LC_{OX}}\right)^2 W_1} = 100\mu\text{m}$$

となる.

(b) 数値を代入すると $t_{pd1} = t_{pd2} = t_{pd3} = 1.4$ns となるので, t_{pd}=4.2ns である.

(c) $C_X = C_L = 4$pF より t_{pd1}=0.14μs となる.

(d) 図 4.29を用いると, CMOS NOT 回路 1 段の場合と同じ寄生容量 (C_{P1}) を保ち, 平均伝搬遅延時間を CMOS NOT 回路 1 段の場合よりも小さくすることができる.

演習問題 (5) (a) $C = D = A$ となる.

(b) $C = 1$, $D = A$

(c) $B = 1$ のときは M_1 がオンしており, M_2 と M_3 のゲートには同じレベルの電圧が加わるので, 図 4.30は NOT 回路として働く. $B = 0$ のときは M_1 がオフし, M_3 もオ

問題解答   195

フするので出力端子はトランジスタから電気的に分離される．したがって，この回路はトライステート NOT 回路である．

演習問題 (6)　(a) $B=1$ のとき $X=A$, $B=0$ のとき出力は高インピーダンス．
(b) 図 A.13(a) または (b) などが考えられる．
(c) 図 A.13(c) または (d) などが考えられる．

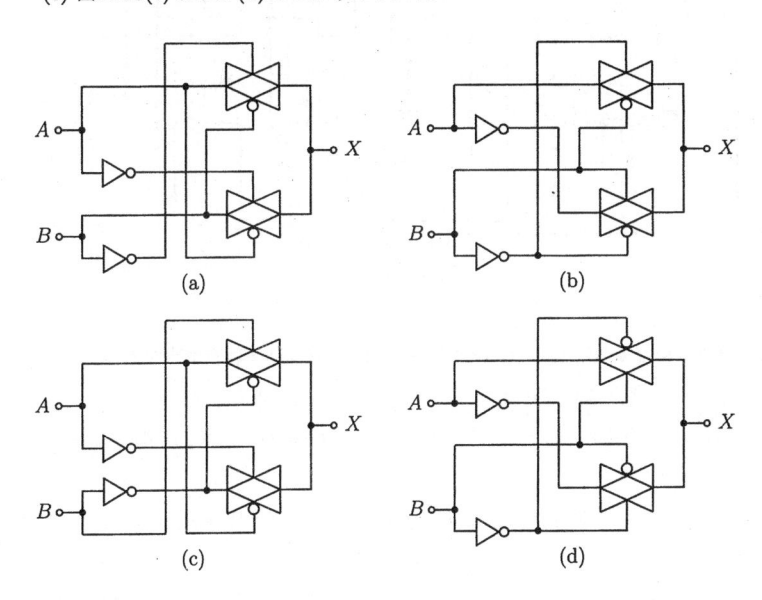

図 A.13

演習問題 (7)　(a) $C = \overline{\overline{AB}} = A + \overline{B}$
(b) $X\overline{Y} + \overline{X}Y = \overline{\overline{X\overline{Y}}} + \overline{\overline{\overline{X}Y}} = \overline{(\overline{X\overline{Y}})(\overline{\overline{X}Y})}$ となるので，図 4.32 の回路 2 個と NMOS NAND 回路により排他的論理和回路が実現できることがわかる．図 4.32 を基にした排他的論理和回路は図 A.14 となる．

第 5 章

問 5.1　$V_{out} = V_{CEsat}$ となるので I_C は式 (5.4) に $V_{out} = V_{CEsat}$ を代入した値となる．

問 5.2　式 (5.6) から $2V_{on}$ だけ小さくなる．すなわち，$V_{crit} = V_{BEon} - V_{on}$ である．一般に $V_{BEon} \simeq V_{on}$ なので $V_{crit} \simeq 0$ となる．

問 5.3　2.6mA

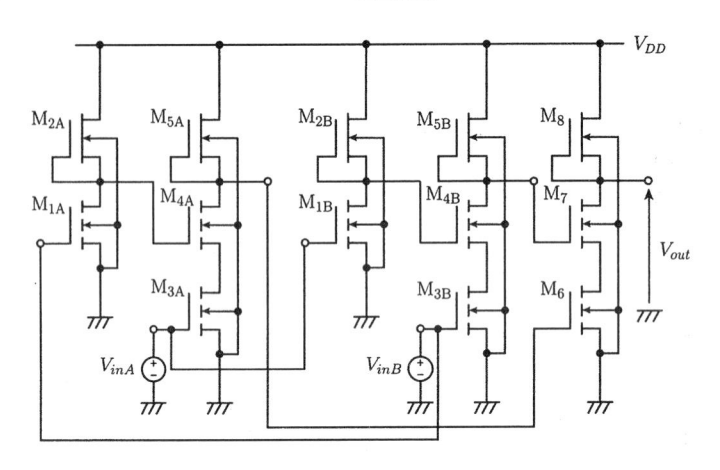

図 A.14

問 5.4　論理振幅が 3.5V，L レベル雑音余裕が 0.5V，H レベル雑音余裕が 2.3V である．

問 5.5　$\frac{I_{OH}}{I_{IH}}$ =12.5，$\frac{I_{OL}}{I_{IL}}$ =10 より，ファンアウトは 10 である．

問 5.6　Tr_5 により Tr_6 のコレクタ・ベース間が常に逆方向バイアスされているため．

問 5.7　$-1.29V$

演習問題 (1)　ダイオード D_1 と D_4 は常にオフしている．このとき V_{out} は，V_{in} が $V_{in} \leq \frac{R_2(V_{CC}-V_{on})}{R_1+R_2}$=1.4V の範囲では，$V_{out} = V_{in} + V_{on} - V_{on} = V_{in}$ となる．$V_{in} > \frac{R_2(V_{CC}-V_{on})}{R_1+R_2}$ =1.4V では，D_2 がオフし，$V_{out} = \frac{R_2(V_{CC}-V_{on})}{R_1+R_2}$=1.4V となる．これらの結果を図示すると図 A.15 となる．

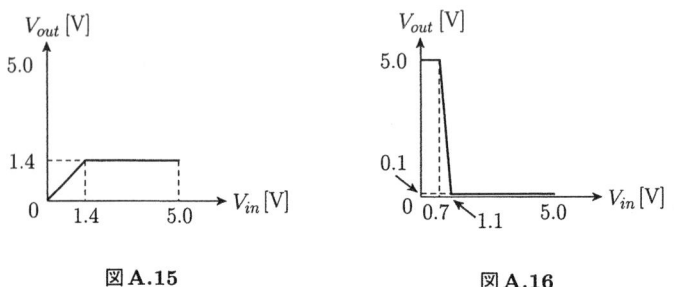

図 A.15

図 A.16

演習問題 (2)　$V_{in} < V_{BEon}$ ではトランジスタがオフしているので I_C=0．したがって，$V_{out} = V_{CC}$=5.0V．$V_{in} \geq V_{BEon}$ では，トランジスタは初め能動活性領域で動作

問題解答   197

している．このとき $I_B = \frac{V_{in}-V_{BEon}}{R_B}$ であり，$I_C = \beta_F I_B$ なので V_{out} は $V_{out} = V_{CE} = V_{CC} - R_L \beta_F I_B = V_{CC} - \beta_F \frac{R_L}{R_B}(V_{in} - V_{BEon}) = -12.5V_{in} + 13.75$V となる．さらに V_{in} が増加すると V_{out} は $V_{out} = V_{CEsat} = 0.1$V となる．$V_{out}$ が 0.1V となる最小の V_{in} は $V_{in} = \frac{V_{CC} + \beta_F \frac{R_L}{R_B} V_{BEon} - V_{CEsat}}{\beta_F \frac{R_L}{R_B}} = 1.1$V のときである．これらの結果を図示すると図 A.16 となる．

演習問題 (3) (a) Tr_1 は飽和領域，Tr_2 は遮断領域で動作しているので $I_{C1}=0$ である．したがって，$I_{E1} = I_{B1} = (V_{CC} - V_{BEon1} - V_{in})/R_1 = 1.05$mA となる．また，$\text{Tr}_2$ がオフしているので $I_{C2}=0$ より $V_{out} = V_{CC}=5.0$V となる．

(b) Tr_1 は逆方向能動活性領域，Tr_2 は飽和領域で動作しているので I_{B1} は $I_{B1} = (V_{CC}-V_{BCon1}-V_{BEon2})/R_1=0.925$mA となる．また，$I_{E1} = -\beta_R I_{B1}$ より $I_{E1} = -0.925$mA である．Tr_2 が飽和領域で動作していることから $V_{out} = V_{CEsat2}=0.1$V となる．

(c) V_{out} が 2.4V 以上であるということは Tr_2 は遮断領域で動作しており，I_{C2} は零である．したがって，$I_{out} \leq (V_{CC} - 2.4)/R_2=2.6$mA となる．

(d) Tr_2 が飽和領域で動作しているとき，Tr_1 は逆方向能動活性領域で動作している．したがって，I_{C1} は $I_{C1} = I_{E1} - I_{B1} = -(1 + \beta_R)I_{B1}$ となる．(b) から I_{B1} が 0.925mA であるので I_{C1} は -1.85mA である．また，Tr_2 のベースに流れ込む電流を I_{B2} とすると $I_{B2} = -I_{C1}$ であるから，I_{C2} が $\beta_F I_{B2} = -\beta_F I_{C1}$ に等しくなると Tr_2 が飽和領域ではなく能動活性領域で動作することになる．したがって，$I_{C2} = -I_{out}+(V_{CC}-V_{CEsat1})/R_2$ より $-I_{out} \leq -\beta_F I_{C1} - (V_{CC} - V_{CEsat1})/R_2$ となり，これに数値を代入すると $-I_{out}$ の最大値は 87.6mA となる．

(e) (a) から $I_{IL}=1.05$mA，(b) から $I_{IH}=0.925$mA，(c) から $I_{OH}=2.6$mA，(d) から $I_{OL}=87.6$mA であることがわかる．したがって，ファンアウトは $N_{fan} = \lfloor \min[\frac{2.6}{0.925}, \frac{87.6}{1.05}] \rfloor = 2$ となる．

演習問題 (4) (a) 図 5.28(a) において I_B は $I_B = \frac{I_{out}}{1+\beta_F}=20\mu$A．図 (b) において抵抗 R に流れる電流を I_R とすると，$I_R = \frac{V_{C2}-V_{BEon}}{R} =1.2$mA．この I_R と I_{out} の $\frac{1}{1+\beta_F}$ 倍の和が Tr_1 のエミッタ電流になるので，I_B は $I_B = \frac{1}{1+\beta_F}(I_R + \frac{I_{out}}{1+\beta_F})=24\mu$A となる．

(b) I_{out} が 2.0mA のときは，(a) と同様の計算により図 (a) では 39μA，図 (b) では 25μA となる．

(c) 図 (a) では 20μA 増加するが，図 (b) では図 (a) 増加分の $\frac{1}{1+\beta_F}$ 倍の 0.38μA しか変化しない．

演習問題 (5)　(a) V_{in1} と V_{in2} がともに H レベルであるとすると，トランジスタ Tr_2 がオンし，さらに Tr_3 もオンする．この結果，Tr_3 が飽和領域で動作するため，Tr_4 がオンするために十分なベース・エミッタ間電圧が加わらず，Tr_4 はオフする．Tr_4 がオフした場合，Tr_5 はオフ，Tr_6 はオンするので，出力電圧は H レベルとなる．

(b) V_{in1} または V_{in2} の少なくともいずれか一方が L レベルであるとすると，トランジスタ Tr_2 がオフし，電流が電源から抵抗 R_2 を通り，ダイオード D_1 を経て Tr_4 のベースに流れ込む．この結果 Tr_4 がオンし，Tr_5 もオン，Tr_6 がオフする．したがって，出力電圧は L レベルとなる．

演習問題 (6)　トランジスタ Tr_1 のエミッタ電流を I_{E1}，Tr_2 のエミッタ電流を I_{E2} とすると，$V_{in} - V_R = \frac{kT}{q}\ln\frac{I_{E1}}{I_{ES}} - \frac{kT}{q}\ln\frac{I_{E2}}{I_{ES}} = \frac{kT}{q}\ln\frac{I_{E1}}{I_{E2}}$ より $\frac{I_{E1}}{I_{E2}} = \exp\frac{q(V_{in}-V_R)}{kT}$ となる．また，$I_{E1} + I_{E2} = I_{EE}$ であるから I_{E1} と I_{E2} はそれぞれ

$$I_{E1} = \frac{I_{EE}\exp\frac{q(V_{in}-V_R)}{kT}}{1+\exp\frac{q(V_{in}-V_R)}{kT}}$$

$$I_{E2} = \frac{I_{EE}}{1+\exp\frac{q(V_{in}-V_R)}{kT}}$$

となる．したがって，V_{out1} と V_{out2} は

$$V_{out1} = V_{CC} - \alpha_F R I_{E1} = V_{CC} - \frac{\alpha_F R I_{EE}\exp\frac{q(V_{in}-V_R)}{kT}}{1+\exp\frac{q(V_{in}-V_R)}{kT}}$$

$$V_{out2} = V_{CC} - \alpha_F R I_{E2} = V_{CC} - \frac{\alpha_F R I_{EE}}{1+\exp\frac{q(V_{in}-V_R)}{kT}}$$

となる．

第 6 章

問 6.1　図 A.17 を参照．

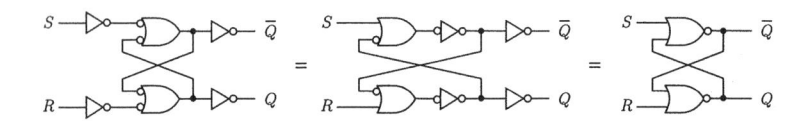

図 A.17

問 6.2　図 6.7 において，S と R および Q と $\overline{Q}$ をそれぞれ入れ換えた回路．

問 6.3　略．

問題解答　　　　　　　　　　　　　　　　　　　　　　　　　　　　199

問 6.4　クロックパルス幅が $2t_{pd}$ より長い場合.

問 6.5　略.

問 6.6　略.

問 6.7　図 6.30(a) を参照.

問 6.8　2 進数 "$b_{N-1}b_{N-2}\cdots b_0 0 \cdots 0$" を 10 進数で表すと
$$b_{N-1} \times 2^{N-1+l} + b_{N-2} \times 2^{N-2+l} + \cdots + b_0 \times 2^l$$
$$= 2^l(b_{N-1} \times 2^{N-1} + b_{N-2} \times 2^{N-2} + \cdots + b_0)$$
となり，シフト前の数値の 2^l 倍となっている.

問 6.9　たとえば，"$Q_3Q_2Q_1Q_0$"="0111" → "1000" と変化する際，各フリップフロップに遅延がある場合，図 A.18 に示す通り，Q_1 の変化後 Q_3 が変化するまでの期間 $\overline{Q_1}\overline{Q_3} = 1$ となる．これに対し，遅延のない場合には，このような出力は生じない.

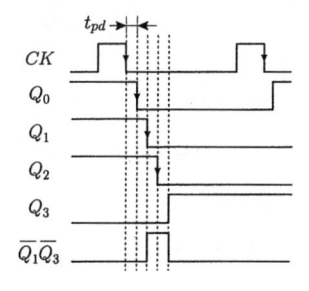

図 A.18

問 6.10　略.

問 6.11　図 A.19 に示す通り.

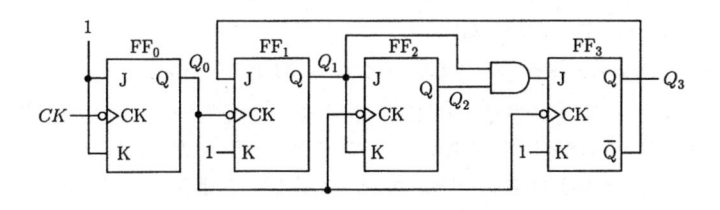

図 A.19

問 6.12　図 A.20 に示す通り.

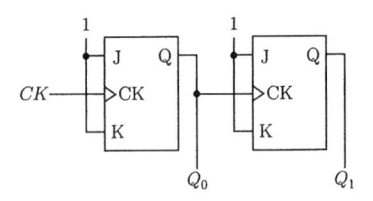

図 **A.20**

演習問題 (1) 図 A.21 に示す通り発振する．周期は $6t_{pd}$ となる．

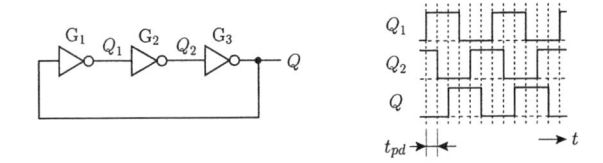

図 **A.21**

演習問題 (2) D 端子への入力が $D = X\overline{Q} + \overline{Y}Q$ と表されることから，特性方程式は

$$Q^{n+1} = X\overline{Q^n} + \overline{Y}Q^n$$

となる．したがって，この回路は JK フリップフロップとして動作する．

演習問題 (3) 図 6.31 の場合，式 (6.4) より $f_{max} = 25$ MHz.

図 6.33 の場合，正常に動作するためには，FF_2 および FF_3 の J 入力および K 入力の値が次のクロックパルスが入力されるまでに確定している必要がある．クロックパルスが入力されてから J 入力および K 入力の値が確定するまでの時間は，前段のフリップフロップと AND ゲートの遅延時間の和であり，$T_D = 13$ ns となる．これより，$f_{max} = 1/T_D \simeq 76.9$ MHz.

演習問題 (4) 図 A.22 に示す通り，クロックパルスが入力されると "$Q_2Q_1Q_0$" の値は "000" → "001" → "011" → "111" → "110" → "100" → "000" → ⋯ という 6 種類の状態を繰り返す．したがって，6 進カウンタとして使用することができる．一般に，ジョンソンカウンタでは N 個のフリップフロップにより，$2N$ 進カウンタを構成することができる．

演習問題 (5) クロックパルスが入力されると "Q_1Q_0" の値は "00" → "01" → "10" → "11" → "10" → "01" → "00" → ⋯ と変化し，"Q_1Q_0"="00" と "11" の間で，

問題解答   201

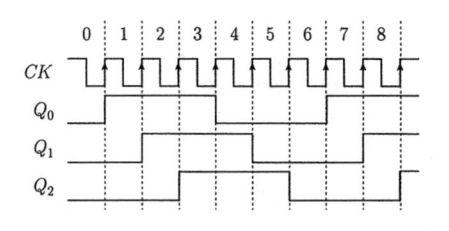

図 A.22

アップカウンタの動作とダウンカウンタの動作を繰り返す．

演習問題 (6) (a) クロックパルスが入力されると "$Q_2Q_1Q_0$" の値は "001" → "011" → "111" → "110" → "101" → "010" → "100" → "001" → ⋯ という変化を繰り返し，"000" を除いて 3 ビットで表現できるすべての状態が周期的に現れる．

(b) Q_2 のとる値は "00111010011101⋯" となり，周期 7 となる．この系列は 3 ビットのシフトレジスタを用いて発生可能な最長の周期系列となる．一般に，N ビットのシフトレジスタにより $2^N - 1$ の周期を持つ M 系列を発生できることが知られている．

参 考 文 献

(1) 岸 源也：回路基礎論，コロナ社 (1986)

(2) 篠田庄司：回路論入門 (1)，コロナ社 (1996)

(3) E. クライツィグ（近藤次郎，堀 素夫監訳，北原和夫訳）：常微分方程式，培風館 (1987)

(4) 石原 宏：半導体デバイス工学，コロナ社 (1990)

(5) 國枝博昭：集積回路設計入門，コロナ社 (1996)

(6) 当麻喜弘：スイッチング回路理論，コロナ社 (1986)

(7) 川又 晃：ディジタル回路，オーム社 (1982)

(8) 斉藤忠夫：ディジタル回路，コロナ社 (1982)

(9) 藤井信生：ディジタル電子回路 ——集積化時代の——，昭晃堂 (1987)

(10) 田村進一：ディジタル回路，昭晃堂 (1987)

(11) 田丸啓吉：パルス・ディジタル回路，昭晃堂 (1989)

(12) CMOS 回路設計技術と事例集，第 2 章 CMOS ディジタル回路設計（川人祥二担当執筆），ミマツデータシステム (1996)

(13) John P. Uyemura ： Circuit Design for CMOS VLSI, Kluwer Academic Publishers (1992)

(14) Sung-Mo Kang and Yusuf Leblebici：CMOS Digital Integrated Circuits: Analysis and Design, McGraw-Hill (1996)

(15) 日本テキサス・インスツルメント株式会社：TTL STD, LS, S データブック (1990)

索引

(五十音順)

あ 行

アクセプタ 25
アップカウンタ 178
アップダウンカウンタ 179
アンダーシュート 20

一致回路 76
インダクタ 3
インダクタンス 4
インバータ 74

埋め込み層 40

エッジトリガフリップフロップ 159
エッジトリガ D フリップフロップ 166
エッジトリガ JK フリップフロップ 164
エミッタ 39
エミッタ逆方向漏れ電流 45
エミッタ接地回路 120
エミッタ接地順方向電流増幅率 46
エミッタ接地静特性 121
エミッタ電流 40
エンハンスメント型 34
オーバーシュート 20
オープンコレクタ TTL 回路 138
オーム接触 31
オームの法則 3

オフ 29
オン 29
オン電圧 30

か 行

回路 1
回路素子 1
カウンタ 174
拡散 27
重ね合せの理 9
加法標準形 61
カルノー図 63
貫通電流 99

寄生素子 19
寄生抵抗 19
寄生トランジスタ 113, 127
寄生容量 19, 92
起電力 5
基本周期 18
基本周波数 19
逆方向 28
逆方向電流増幅率 43
逆方向能動活性領域 40
逆方向バイアス 28
逆方向飽和電流 28
キャパシタ 4
キャパシタンス 4
キャリア 24
共有結合 24
キルヒホッフの法則 7
キルヒホッフの電圧則 8
キルヒホッフの電流則 8
禁止項 67

金属・半導体接触 30

空乏層 27
組合せ回路 54
クリア (CLR) 入力 169
クロック信号 103

ゲート 31, 74
ゲート・ソース間電圧 37
ゲート端子 31

高インピーダンス 109
交流電圧 2
交流電圧源 5
交流電流 2
交流電流源 6
固有電位障壁 27
コレクタ 39
コレクタ・エミッタ間飽和電圧 47
コレクタ逆方向漏れ電流 44
コレクタ電流 40
コンダクタンス 4

さ 行

再結合 24
最小項 61
最大項 61
サグ 19
サブストレート 31
サブストレート端子 31
3 状態回路 109

しきい電圧 34

索　引

時定数　15
シフトレジスタ　172
遮断領域　37, 40
周期　18
自由電子　24
周波数　19
受動素子　3
瞬時電力　3
順序回路　54
順方向　28
順方向電圧　30
順方向電流増幅率　43
順方向バイアス　28
少数キャリア　25
乗法標準形　61
ショットキ障壁接触　31
ショットキバリアダイオード　30
ショットキバリアダイオードクランプトランジスタ　135
ショットキTTL回路　136
ジョンソンカウンタ　179
真性半導体　25
真理値表　54

スクェアリング回路　137
スレーブフリップフロップ　158

積分回路　15
絶縁破壊　114
接合容量　50
節点　7
セット　151
セットアップ時間　169
セット優先SRフリップフ
ロップ　156
遷移領域　137
全加算器　80
線形　2
線形回路　9
線形素子　2

制御電源　5
正弦波交流　2
正孔　24
整流作用　27
正論理　71

ソース　31
ソース端子　31
双安定回路　151
双対性　60

た　行

ダイオード論理回路　68, 122
ダーリントン接続　137
ダイオード　28
タイミングチャート　155
ダウンカウンタ　178
多数決論理回路　190
立ち上がり時間　20
多数キャリア　25
縦積み　102
単一パルス　18
単位トランスコンダクタンスパラメータ　38

遅延時間　20
遅延フリップフロップ　165
蓄積キャリア　41
蓄積時間　42
チャネル　33

チャネル長　33
チャネル幅　33
直流電圧　2
直流電圧源　5
直流電流　2
直流電流源　6
直列入力直列出力シフトレジスタ　173
直列入力並列出力シフトレジスタ　172

データフリップフロップ　165
抵抗　3
抵抗器　3
ディジタル回路　54
ディプリーション型　34
デューティファクタ　19
電圧源　5
電圧制御電圧源　7
電圧制御電流源　7
展開定理　61
電源　5
電池　5
電流源　6
電流制御電圧源　7
電流制御電流源　7
電力　3
電力量　3

トーテムポール回路　128
同期式カウンタ　177
同期式SRフリップフロップ　156
同期信号　103
特性表　155
特性方程式　155

索 引

独立電源　5
ドナー　25
ド・モルガンの定理　59
トライステート論理回路　109
トライステートTTL回路　139
トランスコンダクタンスパラメータ　37
トランスファゲート　103
ドレイン　31
ドレイン・ソース間電圧　37
ドレイン端子　31
ドレイン電流　33
ドントケア　67

な 行

内部抵抗　12

2安定回路　151
2乗則　38
2値変数　54

ネガティブエッジトリガ　159

能動活性領域　40

は 行

排他的論理和　63
バイポーラトランジスタ　38
ハザード　156
はしご形回路　183
発振　163
バッファ　75
バルク　31
バルク端子　31

パルス波形　18
パルス幅　20
パルス列　18
半加算器　80
反転層　32
半導体　23

非線形素子　2
否定　55
非同期式カウンタ　175
微分回路　15
非飽和領域　37
標準TTL回路　128

ブール代数　58
ファンイン　133
ファンアウト　133
負荷線　82, 121
負荷抵抗　81
複合論理回路　103
不純物半導体　25
プリセット(PR)入力　169
フリップフロップ　151
負論理　72

ベース　39
ベース・エミッタ間オン電圧　45
ベース・エミッタ間電圧　40
ベース・コレクタ間オン電圧　47
ベース・コレクタ間電圧　40
ベース接地等価回路　46
ベース電流　40
平均遅延時間　20
平均伝搬遅延時間　21
並列カウンタ　177

並列入力直列出力シフトレジスタ　173
並列入力並列出力シフトレジスタ　174
並列入力並列出力レジスタ　172
閉路　7
べき等則　59

ホール　24
ホールド時間　169
飽和領域　37, 40
ポジティブエッジトリガ　159

ま 行

マスタスレーブSRフリップフロップ　158
マスタスレーブJKフリップフロップ　164
マスタフリップフロップ　158
マルチエミッタトランジスタ　126

メモリレジスタ　171

や 行

容量　3
横並び　102

ら 行

ラッチアップ　113
リセット　151
理想ダイオード　29
リプルカウンタ　175
リフレッシュ　104

索引

リンギング　20
リングカウンタ　179

レーシング　158
レジスタ　171
レベルシフト回路　124

論理演算　54
論理回路　54
論理関数　54
論理ゲート　74
論理式　56
論理振幅　85
論理積　56
論理変数　53
論理和　56

わ 行

ワイヤードOR　139

＜欧文＞

Advancedショットキ TTL(AS-TTL)回路　140
Advanced Low-power ショットキ TTL(ALS-TTL)回路　140
AND　56
AND回路　69
ANDゲート　75

CMOSダイナミック論理回路　110
CMOSドミノ回路　112
CMOS論理回路　106
CMOS NOT回路　90
Current Mode Logic回路　140

Dフリップフロップ　165
Dラッチ　166
Diode-Transistor Logic回路　122
DTL回路　122

Ebers-Mollの方程式　43
Ebers-Mollモデル　43
ECL(Emitter-Coupled Logic)回路　140
Exclusive NORゲート　76
Exclusive OR　63
Exclusive ORゲート　76

Hレベル　69
Hレベル雑音余裕　133
JKフリップフロップ　162

Lレベル　69
Lレベル雑音余裕　133
Low-power TTL(L-TTL)回路　140
Low-powerショットキ TTL(LS-TTL)回路　140

M系列　182
MIL記号　74
MOS構造　32
MOSトランジスタ　31

nウェル　33
n型半導体　25
NAND回路　101, 106, 123, 128
NANDゲート　75
NMOSダイナミック論理回路　103
NMOS論理回路　101
NOR回路　101, 108, 130, 143
NORゲート　75
NOT　55
NOT回路　85, 131
NOTゲート　74
npnトランジスタ　39
npnバイポーラトランジスタ　38

OR　56
OR回路　70
ORゲート　75

pウェル　34
p型半導体　25
pn接合　26
pn接合ダイオード　28
pnpトランジスタ　39
pnpバイポーラトランジスタ　39

RC積分回路　15
RC微分回路　15
RSフリップフロップ　151

SRフリップフロップ　151
SRラッチ　151

Tフリップフロップ　166
Transistor-Transistor Logic回路　125
TTL回路　125

著者略歴

小林 隆夫（こばやし たかお）
1982年 東京工業大学大学院博士課程修了
現　在 東京工業大学大学院総合理工学研究科教授
　　　　工学博士

髙木 茂孝（たかぎ しげたか）
1986年 東京工業大学大学院博士課程修了
現　在 東京工業大学大学院理工学研究科教授
　　　　工学博士

ディジタル集積回路入門　　定価はカバーに表示

2000年2月25日　初版第1刷
2014年9月15日　新版第1刷

著　者　小　林　隆　夫
　　　　髙　木　茂　孝
発行者　朝　倉　邦　造
発行所　株式会社　朝　倉　書　店
　　　　東京都新宿区新小川町 6-29
　　　　郵便番号　162-8707
　　　　電話　03(3260)0141
　　　　FAX　03(3260)0180
　　　　http://www.asakura.co.jp

〈検印省略〉

© 2014〈無断複写・転載を禁ず〉

ISBN 978-4-254-22162-6　C 3055

JCOPY　<（社）出版者著作権管理機構 委託出版物>

本書の無断複写は著作権法上での例外を除き禁じられています。複写される場合は、そのつど事前に、（社）出版者著作権管理機構（電話 03-3513-6969、FAX 03-3513-6979、e-mail:info@jcopy.or.jp）の許諾を得てください。

前広島工大 中村正孝・広島工大 沖根光夫・
広島工大 重広孝則著
電気・電子工学テキストシリーズ3
電 気 回 路
22833-5 C3354　　　B5判 160頁 本体3200円

工科系学生向けのテキスト。電気回路の基礎から丁寧に説き起こす。〔内容〕交流電圧・電流・電力／交流回路／回路方程式と諸定理／リアクタンス1端子対回路の合成／3相交流回路／非正弦波交流回路／分布定数回路／基本回路の過渡現象／他

東北大 山田博仁著
電気・電子工学基礎シリーズ7
電 気 回 路
22877-9 C3354　　　A5判 176頁 本体2600円

電磁気学との関係について明確にし，電気回路学に現れる様々な仮定や現象の物理的意味について詳述した教科書。〔内容〕電気回路の基本法則／回路素子／交流回路／回路方程式／線形回路において成り立つ諸定理／二端子対回路／分布定数回路

前九大 香田　徹・九大 吉田啓二著
電気電子工学シリーズ2
電 気 回 路
22897-7 C3354　　　A5判 264頁 本体3200円

電気・電子系の学科で必須の電気回路を，初学年生のためにわかりやすく丁寧に解説。〔内容〕回路の変数と回路の法則／正弦波と複素数／交流回路と計算法／直列回路と共振回路／回路に関する諸定理／能動2ポート回路／3相交流回路／他

前京大 奥村浩士著
電 気 回 路 理 論
22049-0 C3054　　　A5判 288頁 本体4600円

ソフトウェア時代に合った本格的電気回路理論。〔内容〕基本知識／テブナンの定理等／グラフ理論／カットセット解析／テレゲンの定理等／簡単な線形回路の応答／ラプラス変換／たたみ込み積分等／散乱行列等／状態方程式等／問題解答

信州大 上村喜一著
基 礎 電 子 回 路
―回路図を読みとく―
22158-9 C3055　　　A5判 212頁 本体3200円

回路図を読み解き・理解できるための待望の書。全150図。〔内容〕直流・交流回路の解析／2端子対回路と増幅回路／半導体素子の等価回路／バイアス回路／基本増幅回路／結合回路と多段増幅回路／帰還増幅と発振回路／差動増幅器／付録

前工学院大 曽根 悟訳
図解 電 子 回 路 必 携
22157-2 C3055　　　A5判 232頁 本体4200円

電子回路の基本原理をテーマごとに1頁で簡潔・丁寧にまとめられたテキスト。〔内容〕直流回路／交流回路／ダイオード／接合トランジスタ／エミッタ接地増幅器／入出力インピーダンス／過渡現象／デジタル回路／演算増幅器／電源回路，他

前広島国際大 菅　博・広島工大 玉野和保・
青学大 井出英人・広島工大 米沢良治著
電気・電子工学テキストシリーズ1
電 気・電 子 計 測
22831-1 C3354　　　B5判 152頁 本体2900円

工科系学生向けテキスト。電気・電子計測の基礎から順を追って平易に解説。〔内容〕第1編「電磁気計測」(19教程)―測定の基礎／電気計器／検流計／他。第2編「電子計測」(13教程)―電子計測システム／センサ／データ変換／変換器／他

前理科大 大森俊一・前工学院大 根岸照雄・
前工学院大 中根　央著
基 礎 電 気・電 子 計 測
22046-9 C3054　　　A5判 192頁 本体2800円

電気計測の基礎を中心に解説した教科書，および若手技術者のための参考書。〔内容〕計測の基礎／電気・電子計測器／計測システム／電流，電圧の測定／電力の測定／抵抗，インピーダンスの測定／周波数，波形の測定／磁気測定／光測定／他

九大 岡田龍雄・九大 船木和夫著
電気電子工学シリーズ1
電 磁 気 学
22896-0 C3354　　　A5判 192頁 本体2800円

学部初学年の学生のためにわかりやすく，ていねいに解説した教科書。静電気のクーロンの法則から始めて定常電流界，定常電流が作る磁界，電磁誘導の法則を記述し，その集大成としてマクスウェルの方程式へとたどり着く構成とした

元大阪府大 沢新之輔・摂南大 小川英一・
前愛媛大 小野和雄著
エース電気・電子・情報工学シリーズ
エース 電 磁 気 学
22741-3 C3354　　　A5判 232頁 本体3400円

演習問題と詳解を備えた初学者用大好評教科書。〔内容〕電磁気学序説／真空中の静電界／導体系／誘電体／静電界の解法／電流／真空中の静磁界／磁性体と静磁界／電磁誘導／マクスウェルの方程式と電磁波／付録：ベクトル演算，立体角

上記価格（税別）は 2014 年 8 月現在